坐等的都是命运 敢拼的才是人生

赵望锋　康纯佳◎著

国家一级出版社　中国纺织出版社　全国百佳图书出版单位

内 容 提 要

每个人都有成功的潜能，为什么有些人最终获得成功，有些人却终其一生碌碌无为、平平庸庸呢？归根结底，是因为每个人面对人生的态度不同，这也直接决定了每个人的结果都不一样。

本书从心理学的角度，帮助大家分析自己的内心世界，正确认识自己，发掘自身潜能，距离成功就会越来越近。当你越来越敢于拼搏时，你会发现，其实成功并没有你想得那么难以实现。

图书在版编目（CIP）数据

坐等的都是命运，敢拼的才是人生 / 赵望锋，康纯佳著.--北京：中国纺织出版社，2018.7
ISBN 978-7-5180-4959-2

Ⅰ.①坐… Ⅱ.①赵… ②康… Ⅲ.①人生哲学—通俗读物 Ⅳ.①B821-49

中国版本图书馆CIP数据核字（2018）第084707号

责任编辑：闫 星　　特约编辑：王佳新　　责任印制：储志伟

中国纺织出版社出版发行
地址：北京市朝阳区百子湾东里A407号楼　邮政编码：100124
销售电话：010—67004422　传真：010—87155801
http：//www.c-textilep.com
E-mail：faxing@c-textilep.com
中国纺织出版社天猫旗舰店
官方微博http：//weibo.com/2119887771
北京通天印刷有限责任公司印刷　各地新华书店经销
2018年7月第1版第1次印刷
开本：710×1000　1/16　印张：13
字数：190千字　定价：36.80元

前言

在漫长而又短暂的人生路上，任何人的人生都不可能是一帆风顺的，都会遇到难以预估的坎坷和挫折。我们的人生，也只有真正经历过了重重磨难，才能够大浪淘沙，最终赢来美好的前途和命运。

毋庸置疑，每个人都在祈祷命运对自己特殊优待，以便能够让我们安然度过人生。其实我更想说，人生就像一颗话梅糖，刚刚含在嘴里的时候，尽管它是一颗糖，却带有一丝丝的咸味和若隐若现的酸。我们慢慢地品着这颗糖，直到最后它带给我们的也不尽是甜，而是复合味道。这就是人生。每个人的人生路都不尽相同，甚至是截然相反，但是它们都有一个共同点，那就是绝不千篇一律，更不会让人觉得索然无味。

如果你是一个用心努力生活的人，你总能够从人生之中发觉到自己想要的味道，酸甜苦辣咸，生活百般滋味，你都可以拥有。生活中，很多人都羡慕那些成功人士，却只看到了他们人前的风光，而没有看到他们在背后默默付出的一切。实际上，在真正成功之前，他们付出了超过常人百倍的努力，曾经饱受生活的磨难，所以才能苦尽甘来。

从某种意义上说，每个人在最初离开父母的庇护独自面对人生时，就像一只无助的雏鸟，笨拙地飞起，跌落，再次飞起，再次跌落，直到能够自由地翱翔于天空之中，才算迈出了人生的第一步。曾经，我们都是父母的心肝宝贝，甚至是祖辈几代人精心呵护的命根子。然而，无论我们曾经得到多少长辈的关爱，终究要独自面对生活，这是人生的宿命。所以，既不要把希望寄托在已经年迈的父母和祖辈身上，也不要寄希望于天降贵人帮助我们摆脱厄运。我们唯一需要记住的是，把握自己的命运，唯有坚定不移地奋力拼搏，才能拥有真正属于自己的人生。

朋友们，在面对人生困境时，与其抱怨，不如勇敢地拼搏！所有光辉璀璨的人生，都是拼出来的，坐等永远不能让我们如愿以偿。那么，从此时此刻开始展开行动，让我们在人生的路上一起奔跑吧！

编著者

2017年11月

目 录

第01章　不为未来担忧，只为现在努力……001

平凡不平庸，人生才精彩……002
强者勇敢迎接挑战……004
心若改变，世界也随之改变……006
你只管努力，上天自有安排……008
认真的你，无所不能……010
取舍之间的人生，唯梦想不可辜负……013

第02章　耐得住寂寞，在奋斗的年龄不要选择安逸……017

掌控自己，你才能主宰一切……018
不忘初心，方得始终……020
今日的安逸，要以未来的幸福为代价……022
浮躁的心，让人无处躲藏……024
面对人生冷遇……026
小的舍弃或许会换来丰厚回报……028

第03章　你的价值无限量，创造属于自己的核心竞争力……031

金无足赤，人无完人……032
补短板真的那么重要吗……033
把简单的事情做到极致……035
做人生的减法，哪些不可舍弃……037

让薪水翻倍不再是白日做梦 039
什么样的人才能成为大富豪 041

第04章 别抱怨现在赚钱少，先努力学着让自己值钱 045

抱怨是毒瘤，要早日摘除 046
专注力，成功不可或缺的能力 048
不要让梦想停留在空想阶段 050
与其抱怨挣钱少，不如让自己值钱 052
过好当下，未来才能无忧 054
改变，是一切进步的开始 056

第05章 现在的累是为了以后不累，现在的苦是为了以后不苦 059

磨难，是人生的试金石 060
终有一日，那些磨难会成为财富 062
有压力，才能有动力 063
勇敢的心，让你坦然面对挫折 065
真正的强者一定能够战胜苦难 067
人生总是先苦后甜 069

第06章 不要担心一无所有，最可怕的其实是一无是处 073

一无是处比一无所有更可怕 074
与其抱怨命运，不如奋起反抗 076
重新站在起跑线，依然可以赢 078
眼界决定了我们人生的开阔 080
有重头再来的勇气就什么也不怕 082
准确定位自己，才能拥有人生 084

第07章 改变自己的态度，才能改变人生的高度 087

自信，会让全世界对你刮目相看 088

勤奋，是通往成功的必经之路 ……… 090
严谨自律，才能成就一切 ……… 091
决不懈怠，才能成就人生 ……… 093
条条大路通罗马，成功也要找方法 ……… 095
快乐启程，抵达幸福未来 ……… 097

第08章　每一粒沙，都有成为珍珠的机会 ……… 099

过去已经过去，未来还未到来 ……… 100
必胜的信念，助力成功 ……… 102
按照理想的模式生活和雕琢自己 ……… 104
我们并没有自己想象得那么重要 ……… 106
接受不完美的自己 ……… 108

第09章　奇迹，往往源自于不可思议的信念 ……… 113

坚持才能创造奇迹 ……… 114
你就是那个拯救自己的人 ……… 115
做好自己，你无须仰视他人 ……… 117
机会，永远留给有准备的人 ……… 119
满怀希望，才能面对生活的困顿 ……… 121
相信自己，让丑小鸭变成白天鹅 ……… 123

第10章　输了不丢人，失败不过是从头再来 ……… 127

受伤就像是一次蜕变 ……… 128
坚持梦想，做远比说更难 ……… 129
有野心的人才是生活的强者 ……… 131
失败和成功同样可以接受鲜花与掌声 ……… 133
永不言败的心永远不在失败前屈服 ……… 135
做一只来自北方的狼 ……… 137

第11章　人生在世，拼过痛过才不枉活 …… 141

经历是人生之中宝贵的财富 …… 142
心若年轻，生命就永葆年轻 …… 143
热血奔放的青春，让我们享受激情 …… 145
年轻，就是勇敢行走的理由 …… 147
如花绽放的微笑，让你更加动人 …… 149
稀释痛苦，人生才能悄然绽放 …… 150
宝剑锋从磨砺出，梅花香自苦寒来 …… 152

第12章　世界这么大，你要勇敢做自己 …… 155

悦纳自己，才能拥抱人生 …… 156
艰难的时刻，不如勇敢承诺自己 …… 158
走自己的路，让别人说去吧 …… 159
南辕北辙永远也不能到达终点 …… 161
做生命的主宰者，傲视一切磨难 …… 163
做好分内之事，不要对他人指手画脚 …… 165
选择要明智，放弃要决绝 …… 166

第13章　想变得优秀，就要像优秀的人那样思考 …… 169

变通，是一切生存之道 …… 170
突破思维的界限，迎接崭新人生 …… 172
逆向思维，让我们能人所不能 …… 174
顺势而为，不要一味相信成功的经验 …… 176
吃亏是福，心胸广阔赢得人生 …… 178
要想解决问题，先要提出问题 …… 180

第14章　找准人生方向，剩下的就是努力向前奔跑 …… 183

坚持永远不会辜负执着的你 …… 184

永不抛弃梦想，坚持才能成功 …………………………………… 186
执着，柳暗花明又一村的惊喜 …………………………………… 188
半途而废的人生注定一事无成 …………………………………… 189
人生很短，只够做好一件事 ……………………………………… 191
奔跑的力量，超乎你的想象 ……………………………………… 193
人生是马拉松，不是百米冲刺 …………………………………… 195

参考文献 ………………………………………………………………… 198

第 01 章

不为未来担忧，只为现在努力

关于人生，每个人都有无限的憧憬，更是奢望自己能赢得精彩的人生，收获成就。然而，人生从来都不是一蹴而就的，任何人要想获得成功，都必须付出加倍的辛苦和努力，如此才能活好当下的每一天，也为迎接美好的未来奠定基础。无可置疑，过去的已经永远过去，而未来还远远没有到来，我们唯一可以把握和经营的，就是现在。只有将现在的每一天都过得非常充实，我们才无愧于自己的人生，也让自己的未来不会因此刻的虚度而难以如愿。

平凡不平庸，人生才精彩

在这个世界上，平凡的人太多太多。走在熙熙攘攘的大街上，几乎我们遇到的每个人看起来都那么平凡，然而他们的人生却不尽相同。尽管有些人看起来默默无闻，但是他们的生命却在平凡之中孕育着伟大。有些人则恰恰相反，他们过着平庸的人生，几乎没有任何出奇的地方，更无法收获精彩、铸就辉煌。

尽管人们常常谈及平凡，但是很多人心底里其实都是畏惧平凡的，毕竟人生短暂，没有人愿意虚度一生，更不愿意在默默无闻中死去。正如保尔柯察金所说，人最宝贵的是生命，生命对于每个人而言都只有一次。如今，越来越多的人逐渐意识到生命的可贵，人生就是一场没有归途的旅行，一旦逝去，便再也无法追回。人们经常说，要在平凡的岗位上做不平凡的事。当然，这里所说的不平凡也未必是要惊天动地，毕竟不是所有人都能成为伟大的人，也不是所有人都能拥有辉煌灿烂的人生。大多数人的人生都是平凡的，我们作为普通人，应该接受平凡的人生，但千万不能平庸。所谓平庸，更多地带有不求上进、堕落的意味，而平凡并不阻碍人们积极努力和上进。举个最简单的例子，生活中常常有人抱怨自己没有得到命运的公平对待，但是除了抱怨之外，他们并不会马上展开行动拯救自己，最终不得不在日复一日的抱怨声中陷入平庸，直到自己也厌倦了抱怨的情绪，才觉得乏味起来，最终无奈地接受事实。这就是平庸。相比之下，尽管平凡的人也会抱怨，但是他们绝不会放弃努力。对于任何问题，我们都要积极努力地想办法来解决，而不能一味地抱怨，让自己失去前进的动力。

生活恰如逆水行舟，不进则退。人生也是如此，在熙来攘往的人群中，我们要想始终保持冲锋和前进的姿态，就要非常努力地奋勇向前。否则当别人都在进步的时候，我们原地踏步就等于退步，如此一来还如何能够保持与他人同样的步调，甚至超越他人之前呢！这是一个只看实力的时代，对于平凡的你我他而言，倘若不努力，又没有任何的背景和金钱权势可以依赖，则一定会导致失望和挫折，甚至是堕落和绝望。

很久以前，山里有座寺庙，里面有位得道高僧。很多年轻人慕名而来，跟随高僧修行。眼看着时光慢慢流逝，高僧渐渐老去，因此他想为自己寻找一位继承人。这一天，趁着天气晴朗，高僧吩咐弟子们去山上砍柴。弟子们自然都想好好表现，因而每个人拿起扁担朝着山脚下走去。然而，他们被一条奔涌的大河挡住了去路，原来是因为前几日雨水多，山洪暴发，导致河水暴涨。见此情形，弟子们全都两手空空、垂头丧气地回到寺庙里，只有那个新来的弟子，虽然他盯着滚滚河水，用了很多办法都不奏效，但是他无意间看到河岸边有一颗低矮的苹果树，因此他想：既然来了，总要有所收获。为此，他从树上摘了些苹果用衣服兜住，带回去给师傅和师兄弟们享用。毫无疑问，这位小弟子最终继承了高僧的衣钵。

人生在世，总有很多事情不能圆满，也会有很多心愿无法实现。在这种情况下，我们是被动地接受生命的一次赠予，还是努力地改变命运，在接受事实的基础上拥有更多的收获呢？正如孟非所说的随遇而安，那些看到大河就退缩的人不是真正的随遇而安，而是被动和怯懦；小弟子才是真正的随遇而安，他在发现无法过河砍柴之后，给予了自己更多的选择，从树上摘下新鲜的苹果带给师傅和师兄弟们，这是意外的收获，也是情理之中最好的安排。

每个人自从呱呱坠地起，就开始走上了属于自己的人生之路。我们既会遇到平顺的道路，也会遭遇坎坷与挫折。任何时候，都不要轻易放弃希望，因为只有坚持不懈的努力才能帮助我们赢得未来，也才能帮助我们赢得美好而又成功的人生。成长，就像是在雨后泥泞的道路上行走，每一步都会留下一个脚印。无论我们多么平凡都不要甘于平庸，因为平凡能够孕育伟大，平庸却只能导致沉沦和没落。

强者勇敢迎接挑战

尽管我们常说人生只有坦然迎接挑战，才能不断蜕变和塑造自己，但是当我们真正面对挑战时，依然有很多人感到畏缩和怯懦。他们甚至因为害怕挑战，导致对人生失去希望，致使自身胆怯软弱，从而使得人生故步自封，止步不前。生活中，我们总是羡慕那些成功者，他们似乎拥有超乎常人的力量，因而在面对任何艰难坎坷时都能做到坚定不移，勇往直前。殊不知，人并非生来就是强者的，而是在不断地挫折和磨砺中，才渐渐让自己变得强大起来，成为真正强者的。一旦成为强者之后，我们的内心也会变得越来越坚强。很多人都曾有过长跑的经历，会发现在到达一定路程时，简直觉得难以继续坚持下去。而在这种时刻放弃只会导致彻底的失败，倘若我们能够咬牙继续坚持下去，就能成功突破自身的极限，从而使得接下来的行程变得轻松，这也就是强者越遭受挫折和磨难，越具有强大信心、勇气和力量的原因，挑战对于强者而言从来都是凤凰涅槃，更不会使他们彻底沉沦绝望。

作为普通人，我们常常过于低估自身的力量，因而限制了自身的发展。在这种情况下，我们只有正确估量自己，充分挖掘自身的潜能，让自己更加勇敢坚强，才能鼓足勇气迎接挑战的到来。中秋时节，很多人喜欢吃膏腴肥美的大闸蟹，却不知道大闸蟹虽然味道鲜美，但是其成长的过程却是历经艰辛的。从幼小的蟹苗，到发育成膏腴肥美的大闸蟹，一只螃蟹需要蜕皮十八次。不得不说，每一次蜕皮对于螃蟹而言都是生死攸关的时刻，但是为了成长，它们必须勇敢面对，也必须迎难而上。人生也是如此，没有任何人的成功是能够不经受挑战和挫折磨难就轻而易举获得的，这一点毋庸置疑。既然如此，就让我们把挑战当成是成功的前奏，让我们竭尽全力奏响前奏，迎接成功的到来吧！

即使是已经取得成功的人生，也不会因为一次的成功而一帆风顺，反而有可能在成功到来之后，使我们的人生面临更多的挑战。因为成功从来都不是一记重拳出击，从来都是需要人们负重前行，永远扛着肩膀上那份沉甸甸的责任，使人生之花绚烂绽放在泥泞之中，人生之树傲然挺立，迎风冒雨依然郁郁葱葱，苍翠欲滴。

1955年秋天，张海迪出生在济南一个普通的家庭里。5岁那年，原本健康可爱的张海迪突然遭受命运的沉重打击，因为患上严重的脊髓病，她的胸以下全部瘫痪。在残酷的命运挑战面前，张海迪没有沮丧和沉沦，她以顽强的毅力和恒心与疾病作斗争，经受了严峻的考验。从此之后，张海迪的人生变得与众不同。因为身体的拖累，她无法像正常的孩子那样去学校读书，因而只能靠着在家里发愤自学，完成了中小学全部课程。15岁那年，父母上山下乡到聊城农村，张海迪也跟随父母来到这个陌生的小山村。在那里，她不但义务教村里的孩子们读书识字，还主动学习医术，给乡亲们看病。在聊城农村期间，她无偿地为人们治病。后来，她自学多门外语，翻译了数十万字的英文作品。正是因为勇敢地迎接命运的挑战，张海迪才能以中度残疾的身躯创造出生命的奇迹，也为无数健康的人树立了榜样。

每个人的心底都隐藏着巨大的能量，不要总是认为自己是不能经风历雨的温室花朵，其实你可以像野草一样野火烧不尽，春风吹又生。任何情况下，只要我们坚持不懈，就一定能够战胜困难，超越挑战，让自己的人生力量加倍增强，帮助自己创造与众不同的生命之旅。

很多朋友都曾有过在上坡路上骑自行车的经历，几乎每次前进都是咬牙坚持。然而，一旦放弃，我们必然再次回到坡底，只有坚持不懈，才能最终抵达顶点，享受高处一览无余的快意。并且，倘若我们在努力的过程中松懈下来，再想继续努力就会变得很困难。正如古人所言，一鼓作气，再而衰，三而竭，我们必须坚定自己的信念，才能在紧要关头把握住自己的命运。很多人都曾看过海明威的《老人与海》，在出海的过程中，老人独自降服大马林鱼，并与鲨鱼群进行殊死搏斗，虽然他最终只把光溜溜的大马林鱼的骨架带回港口，但是他坚定不移的信念却从未动摇过。只要精神永存，相信老人永远都是海上的霸主，是打不倒的强者。

朋友们，我们必须突破自我，才能勇创辉煌，而突破自我就要迎接挑战，超越困境，你作好准备了吗？赶快行动起来吧！

心若改变，世界也随之改变

生活中，很多人抱怨命运不公，对于自己的现状也很不满意。但是他们除了喋喋不休的抱怨，很少积极主动地作出改变，这也是他们总是维持现状的原因。归根结底，他们只是嘴上抱怨，心里却从未有过改变，因而他们虽然早就发现了问题的所在，却从未探究问题的根源，并且从未想出彻底解决问题的办法。在这种情况下，命运如何能够发生改变呢？

真正的改变，必然源于我们的内心。一个人若想改变，必须从心开始。正如人们常说的，心若改变，世界也随之改变。从某种意义上说，心决定了我们人生的方向。大家都熟知南辕北辙的故事，假若一个人在面对人生时，不能首先确定正确的方向，则无论怎么努力也是南辕北辙，甚至越努力只越会起到相反的效果，以致违背了自己的初心，距离既定的目标越来越遥远。在这种情况下，心的方向无疑是人生发展的推动力，一个人想要获得梦寐以求的人生，首先应该为自己的心找准方向，然后坚定执着地朝着目标走下去。

改变人生，首先应该从改变自己开始。虽然我们每天看着镜子里的那张脸都感觉非常熟悉，但是仔细看去却难掩其陌生的本质。归根结底，我们并没有清醒地认识自己，因而每个人想要获得成功，首先要认清楚自己，其次还要做到理智客观地分析自己，这样才能扬长避短，取长补短，从而帮助自身获得人生的不断提升和改变。

自从大学毕业后，乔乔就回到家乡小县城的乡村里做了一名小学老师。按部就班的生活过久了，她几乎每天都是家和学校两点一线，周末的时候她偶尔也会去县城走走看看，溜达溜达，却丝毫没有意识到自己的生活半径是如此之小，更不知道外面的世界是多么地海阔天空。

直到有一天，乔乔与阔别五六年的大学好友相见，当她看到好友第一眼时，乔乔突然意识到了两人之间的差距。好友一眼看去就是大城市的白领，不但衣着光鲜亮丽，气质也与她完全不同，乔乔的自卑心理油然而生。在与好友一番攀谈之后，乔乔更是感觉到自己与好友的差距，很多从好友嘴巴里说出来的时髦话，她根本听不懂，由此一来两个人之间产生了巨大的差别。在好友的启发下，乔乔开始对生活感到不满，她感慨地说："在和你见面之前，我对生活还很满足呢，觉得每天这样安安稳稳的挺好。现在见到你我才知道，我这几年的生活真的就是一片空白，完全可以把这一千多个日日夜夜变成一天，也毫无差别。"后来，乔乔经过一番慎重的思考，决定趁着自己还年轻，改变命运。她决绝地辞掉工作，和好友一起去了大城市打拼。刚开始时，乔乔并不习惯也不适应大城市的生活，总觉得太急躁太忙碌了，也缺少了些人情味。但是她渐渐发现，大城市的生活非常充实，在大城市工作一天，也许相当于在老家生活三天，如此一来，岂不是拥有了三倍的人生？想到这里，乔乔又觉得很欣慰，她就像打了鸡血一样，终日奔波于大城市中，变得和以前的自己越来越不同。

倘若不是好友的启蒙使乔乔的内心发生了翻天覆地的变化，也许乔乔在面对未来时，依旧是不知所以然地满足。当然，安稳的生活并非不好，只是对于年轻人而言，在该奋斗的年龄选择了安逸，这未免有些遗憾。一年四季总有不同的景色供人欣赏，一生之中我们也应该有不同的状态，来保证人生的完满和充实。倘若一个年轻人从一开始就享受垂暮的生活，即使岁月静好，也只怕会给人生留下遗憾。

人生不如意十之八九，任何情况下，我们都应该保持积极的心态。人生是用来拼搏的，而不是无畏地消耗。朋友们，不管你是否还年轻，都应该改变自己此刻的状态，让自己变得更加积极奋进，也让自己的人生变得更加与众不同。总而言之，我们唯有首先改变自己的内心，才能更好地改变人生，从而改变我们所看到的世界。尤其是在遭遇困难的时候，更不要拘泥于此刻小小的不如意，而应该将目光看得长远一些，拥有大局观，如此才能帮助我们收获人生，改变人生，创造人生，成就人生！

你只管努力，上天自有安排

人们常说种瓜得瓜，种豆得豆。然而，命运却有些残酷，很多时候我们种瓜不见瓜，种豆不见豆。看着那些没有我们努力拼搏，但是从刚出生就远比我们拥有和享受更多的人，我们未免有些心里不平衡。的确，人人平等只是一个美丽的梦境，很多时候，人都是生而不平等的。试问，一个富二代官二代，怎么可能与最贫穷的百姓家的孩子平等呢？所谓人人平等，就像共产主义社会一样在现代社会还是一个美丽的梦，尤其是在金钱和权势面前。那么，难道我们就因为出身卑微而自暴自弃了吗？难道我们放弃努力之后就能等到天上掉馅饼，甚至获得成功了吗？难道我们的努力就是毫无意义的了吗？当然不是。

一个人不管出身如何，要想获得真正属于自己的成功，都离不开自身的努力。正如大家所说的那样，越努力，越幸运。在努力面前，幸运的确是公平的，它常常把机会给予那些够努力的人，让幸运的天平倾向于他们。从根本上来说，没有任何人的成功是一蹴而就的。当我们感到绝望的时候，当我们感到失落的时候，与其陷入绝望之中不停地抱怨，不如坚持不懈地努力。只要我们的努力到了一定的程度，就会逐渐地积累起来，最终让我们有所收获。

每个人都羡慕他人的成功和人前的光鲜亮丽，却不知道他们所得到的一切的背后，是不为人知的努力和辛苦，甚至还有眼泪和血汗。要想成功，或者说距离成功越来越近，我们唯一能做的就是从现在开始努力，从眼下点滴的小事开始努力，这样才能让我们的人生更加接近成功，让我们与成功的缘分越来越深。或许有人会抱怨，自己一直在努力，却没有任何回报。需要注意的是，回报是一定会有的，只不过有时候回报会有滞后性，这就要求我们，即便努力的当时没有显而易见的回报，我们也依然要坚持不懈地努力。你只管努力，上天自有安排，终有一日，努力的结果会以让你惊喜的方式出现。

1910年，华罗庚在江苏金坛出生。他从小家境贫苦，父亲以开杂货铺为生，母亲是普通的家庭妇女。由于杂货铺收入不稳定，所以华罗庚全家经常过着半饥半饱的生活。然而，这一切并没有影响华罗庚对于数学的喜爱。华罗庚很有才华，在数学方面更是独具天赋，因而他的初中老师王维克很喜欢他，并尽心尽力予以培养，成为了他在数学领域的启蒙者和领路人。

初中毕业后，因家里无力供养，华罗庚只好回到家里帮助父亲照看杂货铺。他虽然人在家里，心却牵挂着数学。后来，他从王维克老师那里借来几本高等数学的教材，开始自学。直到18岁那年，华罗庚在王维克老师的举荐下，进入金坛中学当会计，还要做很多零碎的工作。因为工作繁忙，再加上父亲杂货铺的生意也需要他料理，所以他每天晚上都要到八点多才能腾出时间学习。后来，年轻的华罗庚不幸感染了风寒，导致左脚落下残疾，终身跛足。尽管命运的打击接踵而至，华罗庚却从未放弃过努力。他坚持自学，并且把一篇名为《苏家驹之代数的五次方程式解不能成立之理由》的文章发表在上海的《科学》杂志上。在此之后，华罗庚又以“金坛人”为笔名，发表了几篇数学论文。很快，华罗庚人生中的伯乐——清华大学数学系主任熊庆来教授发现了华罗庚的才华，并且特意邀华罗庚去北京清华大学数学系，负责管理。对于华罗庚而言，这是千载难逢的好机会，他不但能够有更多的时间学习，学习的条件也更加便利。就这样，华罗庚最终通过自学，成为世界上大名鼎鼎的数学家之一。后来，华罗庚进入美国伊利诺斯大学当教授，过着优越的生活。然而，在1949年得知新中国成立的消息之后，华罗庚毅然决然回到祖国，为祖国和人民服务。

面对命运的残酷捉弄，华罗庚进行了无数次的尝试和努力，始终不忘学习，这样的精神不由得让人心生钦佩。归根结底，他的成功离不开他的努力，他人生的成就也都是努力的结果。1983年，在华罗庚重回美国时，美国科学院把美国科学院外籍院士的荣誉称号授予了华罗庚。在漫长的120年的时间里，这是美国科学院第一次授予一位外国数学家如此沉甸甸的称号，这是对华罗庚最大的认可，也是给予他的最大荣誉。

一个人如果在努力的时候心中只想着要得到更多，那么这样的努力未免过于急功近利，也常常会因为过于急迫地获利而事与愿违。尤其是对于人生所做出的努力，更应该抛弃一切私心杂念，这样才能最大限度地发挥努力的功效，让努力真正切实地改变我们的生活。这样的努力才能够改变我们的命运和人生，让我们得到意外的收获。

生活，一直都是一场旅行，没有归途，且充满艰辛。我们与其对这趟旅行的终点充满憧憬，不如就从现在开始，趁着风和日丽赶紧往前奔去。否则，一旦狂风大作，我们也依然要风雨兼程。在努力尚未获得回报时，我们更应该鼓励自己，让自己相信上天从来不会辜负任何一个努力的人，而我们只需要一味地努力就好，上天自有安排。

认真的你，无所不能

在生活中，认真的人凤毛麟角，不认真的人随处可见，因此平庸的人占多数，平凡而又伟大的人却少之又少。归根结底，都是因为认真的程度不够而已。其实，有些事情并没有我们想象中那么难，而我们之所以总是无法把每件事情都做好，就是因为心态和态度的问题。人们常常容易犯轻敌的毛病，尤其是面对生活中的诸多事情，即便只是简单的小事，倘若做不到极致，也容易造成遗憾。在这样的情况下，我们还有何理由不认真呢？

很多人都羡慕那些成功人士，还有些人觉得那些所谓的成功人士也只不过是运气好而已，在原本很简单的事情上捡到了宝，殊不知那些成功人士也并非是一举成功的。比如，爱迪生发明电灯，仅灯丝材料就进行了七千多次实验，更是尝试了一千多种不同的材料作为灯丝，最终才寻找到适合的材料，由此为全世界的人们带来了光明。倘若没有爱迪生的这份认真坚定和执着，也许全世界都需要在黑暗之中摸索更长的时间。由此可见，认真非但能把简单的事情做到极致，更能够让我们百折不挠，克服重重困难，最终在艰难的情况下找到曙光。

认真是一种做人做事的态度。认真的人不管面对任何事情，都能做到绝不懈怠，哪怕只是简单的小事情，他们也能够做到一丝不苟，做到极致。因为长期以来形成的认真习惯，使得他们的目光越来越敏锐，也拥有更多的方法去处理和解决问题。认真也是为人处世的智慧。大凡认真之人必然知道半途而废的道理，因而也知道自己无论怎样努力都离不开认真。人们常说凡事都怕认真，其实也是因为意识到认真蕴含着巨大的能量。唯有在认真的环境下，我们才能更加坚定执着地面对未来，才能坦然自若地面对人生。从这个意义上来说，认真的态度是每个人获得成功的筹码，一个三心二意的人是很难获得成功的，即使在学习上，那些得过且过、粗心大意的人也很难取得好成绩。由此可见，不管是对于学习还是工作，抑或者只是对待日常生活，我们都应该认真严谨，决不懈怠。

为了建造德塞公园，南非在国际范围内进行了招标，最终由德国的一家设计院中标。在当时，让德国的设计院来建造公园引起了民众的非议，等到公园建成后，市民们依然怨声载道更不满意，能找出很多不尽如人意的地方。于是，南非人再建造公园时，就不用外国人了。后来，南非人依靠自己的实力建造了克克娜公园，然而，没想到两年后由南非人自己建造的克克娜公园和由德国人建造的德塞公园高下立见。

南非雨季到来时，德塞公园安然无恙，克克娜公园却被大水所淹没。原来，德国人在建造德塞公园时，把整个地基垫高了五十公分，由此一来，公园的下水道四通八达，而且容量巨大。后来，人们在克克娜公园举行集会，因为人流量大，导致人们都被拥挤在公园大门的过道处，造成了严重的安全事故。这时，人们才想起饱受诟病的德塞公园大门宽敞方便，根本不可能发生这样的拥挤踩踏事故。克克娜公园建成没几年，地面就磨损严重，不得不整个儿翻修，而德塞公园的石板依然平整，尤其是在下雨之后，简直干净如新。当初修建德塞公园时，南非一方始终因为德方的投资过高，经常与德方发生争执。如今看来，因为德国人认真严谨，考虑到了南非各个方面的因素，所以才能使公园经久耐用。尽管当初南非因为德塞公园投入巨大而与德方争执不休，而如今修建时很廉价的克克娜公园却因为不停地修缮，已经花掉了超过德塞公园双倍的开销。对此，南非人觉得德国人很精明，德国人却说："我们只是认真，反倒你们因为太精明而得不偿失。"

从浮夸的克克娜公园，到坚如磐石的德塞公园，南非人和德国人做事的态度可见一斑。在世界范围内，德国人的严谨认真也是有目共睹的，恰恰是这样的风格，才让德国以优异的产品品质傲然屹立于世界民族之林。

在付出与回报方面，人们的认真与收获的做人做事的品质是相辅相成的，这一点不容置疑。因而真正明智的人从来不会企图让自己的认真打折，而是非常慎重地对待人生中遇到的每个人每件事。曾经，有个年轻人向著名画家门采尔诉苦，为何自己画一幅画只需要一天时间，卖出去一幅画却要等上一年的时间。门采尔建议他，倘若能够花费一年的时间完成一幅作品，那么也许卖出去只需要一天。由此充分说明，若我们三心二意地做事，最终的结果也很难尽如人意；相反，若我们认真对待人和事，我们的收获则会超出所望。记住，你的认真也许就是你通往成功的路径，你的认真也许能改变世界，因为认真的你无所不能。

取舍之间的人生，唯梦想不可辜负

对于每个人而言，梦想都是人生的引航灯，能够帮助我们指引人生的方向，也教会我们如何更好地努力，获得成功。但是偏偏生活中的大多数人都没有梦想，他们的梦想只停留在三年级写作文时的阶段，梦想永远是心中遥不可及的梦，他们的梦想真的成了梦中的设想和假想，始终没有实现的可能。归根结底，到底是梦想远离了他们，还是他们抛弃了梦想？只有弄清楚这一点，我们才能把人生与梦想更好地结合起来，让二者相辅相成，也让我们的人生扬帆起航。

当然，生活中不乏有些人始终牢记着自己的梦想，并且为了梦想不遗余力地打拼，然而他们的付出始终没有得到回报，即便他们累了倦了，也依然没有看到梦想的曙光。在这种迷惘的情况下，到底是继续坚持梦想，还是审时度势地放弃梦想？面对人生的十字路口，到底是往左还是往右，这的确是让人纠结的选择，也是让很多人都感到为难的局面。实际上，我们在一生之中总是不停地舍弃，因为放弃与得到并非那么绝对，我们的人生也在得失之间不停地交错。答案是，无论放弃什么，也不要放弃梦想，因为取舍之间的人生唯独梦想不可辜负。

对于任何一个人而言，即使拥有再多，如果没有梦想，人生也是匮乏的。相反，即使人生遭遇贫穷和困境，哪怕一贫如洗，只要拥有梦想，也是富足的。梦想是希望，是期盼，是人生的未来所在。假如没有梦想，我们的人生也会失去方向，甚至变得如同茫茫大海上的一叶扁舟，根本找不到正确的方向。当然，我们也不能让梦想永远停留在梦和想的阶段，而是要勇敢地迈出脚步，把梦想变成切实的行动。人生苦短，没有梦想的人生是苍白无力的，不曾实现梦想的人生是充满遗憾的。为了梦想，我们不但要不遗余力，更要全力以赴。

多年来，马大爷一直都在为了家庭而忙碌奔波，和妻子一起抚养大了三个孩子，供他们上完大学，又操持他们结婚生子，直到现在，马大爷退休之后才真正迎来了属于自己的生活。然而，刚刚摆脱工作的羁绊，马大爷还有些不适应呢，毕竟他已经工作了四十多年，一下子闲下来觉得内心很空虚。在度过几个无聊的日日夜夜之后，马大爷突发奇想，决定要去学习绘画。对此，不管是老伴还是子女都反对他的决定，毕竟他已经六十多岁了，没有必要再付出那么多，劳神费力。然而，马大爷却振振有词："我小时候家里穷，没有钱供我学画画；后来成家立业又要照顾家庭，没钱也没时间学画画。你们却不知道，画画是我毕生的梦想，如今有钱有时间了，我希望你们都能支持我。"听到马大爷的话，孩子们都很感动也很愧疚，因此全都改变态度，支持马大爷学画画。大女儿还特意为马大爷报名参加了一个绘画学习班，二女儿专门给马大爷购置了全套绘画工具，小儿子则给马大爷买了辆电动自行车，方便他去上课的时候骑行。

出乎所有人的预料，马大爷非但没有因为学习绘画的辛苦感到劳累，反而每天都兴致盎然地上课下课，整个人都变得年轻了很多，精神抖擞。看着马大爷的变化，全家人都非常高兴。

马大爷之所以再次恢复青春活力，就是因为他做的是自己喜欢做的事情，而且他对这件事情充满热爱。这就是梦想的力量，它能使人们在年老之后重新恢复活力，也能帮助人们排遣寂寞和忧愁，变得快乐起来。对于任何年龄段的人而言，梦想都是人生之中不可或缺的支柱。在梦想的力量下，我们的人生必然更加精彩纷呈。

现代社会，人们的生活水平越来越高，也很少因为物质和金钱的局限导致无法做自己喜欢的事情。生活在现代，我们每个人都应该珍惜自己的梦想，千万不要把梦想遗留在小学阶段的作文之中。只有心中时刻牢记梦想，抓住一切机会实现梦想，我们的人生才能更加充实，并充满动力。与此同时，我们也应该努力挖掘自身的潜力，要相信，只要我们付出百分之百的努力和坚持，就一定能够实现梦想！

第 02 章

耐得住寂寞，在奋斗的年龄不要选择安逸

当我们在人生之中经历坎坷和挫折时，是放弃努力一味地等待灾难过去，还是成为风雨中奔跑的那个身影？平凡如你我，要想实现人生的梦想，让自己距离目标越来越近，就只能无畏地投入激烈的竞争，让自己的实力和能力在竞争中得到提升，得以验证。这就是我们的责任和义务。就像一块璞玉要想成为美玉必须经过无数次的精雕细刻和打磨一样，我们的人生同样是需要历练的。

掌控自己，你才能主宰一切

没有谁的人生会永远一帆风顺，大多数人的人生都会经历坎坷和挫折，甚至遭遇看似灭顶的灾难，才能在颤颤巍巍中将自己磨炼得意志如钢，才能让自己的人生变得更加坚韧不拔。因而，在命运的无情捉弄面前，我们与其哭泣，与其抱怨，不如努力提升自己，让自己成为主宰一切的强者，唯有如此，我们才能无愧于人生的涅槃。

毋庸置疑，这个世界上成功者凤毛麟角，尤其是那些让人瞩目的成功者，更是需要天时、地利、人和的造就才能获得成功。大多数人都很普通，他们看起来默默无闻，也没有独特的过人之处，然而他们并非没有属于自己的成功。没错，成功其实也是极具个性的人生成果，千万不要拿那些名人的成功标准直接套用在自己身上，因为那根本不是属于你的成功。我们要寻求自己的成功，因为我们的人生是独一无二的，所以我们的成功也应该是独一无二的。很多人都知道东施效颦的故事，故事里的东施盲目模仿西施，最终贻笑大方。我们在成功之路上也要避免东施效颦，我们必须把握自己独特的命运，才能主宰人生的一切。这就要求我们不但要明智，要有主见，更要有极强的自制力和自控力。现代社会中的各种诱惑无处不在，如影随形，让我们避之不及。举个最简单的例子，原本一个人的梦想是成为一名清正廉洁的官员，但是他在走上官员的岗位之后就因为禁受不住物质和金钱的诱惑，收受贿赂，锒铛入狱，如此一来，他还如何实现自己的目标呢？不仅金钱权势是诱惑，美色和名利也同样是诱惑，甚至包括美味可口的佳肴、华丽的服装等，都是让人无法抗拒的诱惑。由此可见，没有坚强的定力，根本无法行走于人生的江湖。

迪士尼从小就是一个顽皮且机灵的男孩，他在文学和绘画方面表现出色，独具天赋。还不到十岁，他就阅读了很多名著，且能理解其中蕴含的深意，他每次都能圆满完成老师布置的绘画作业，博得老师的赞赏。

有一次，美术老师安排孩子们回家之后画一幅花，迪斯尼居然别出心裁，把花朵画成人脸的模样，并且表情栩栩如生。他还把花朵下面的叶子画成人的手，整幅画看起来就像是人的手在托着一朵花，活灵活现。最后，他把花盆画成椅子，远远看去，这幅画就像是一群孩子坐在椅子上手舞足蹈，正在进行表演一般，让人一眼看去无法忘怀。不想，这样一幅美妙的作品却惹得老师大为生气，他觉得迪斯尼的作品完全不符合现实世界，认为迪斯尼是在胡闹，因此当场粗暴地撕碎了迪斯尼的画，还呵斥迪斯尼以后不许这样胡作非为。

迪斯尼很委屈，回家之后把事情的原委告诉爸爸，爸爸告诉他："孩子，一个人如果不能主宰自己的命运，就会成为终生的奴隶。"小小的迪斯尼记住了父亲的话，坚持自己，没有改变。后来，他在服兵役期间不停地创作绘画作品投稿，但都如石沉大海。直到服兵役结束后进入广告公司工作，他的绘画才能依然得不到赏识，他甚至因此被辞退。

最终，屡屡碰壁的迪斯尼与哥哥一起于1923年10月成立了"迪斯尼兄弟公司"，并且渡过了发展初期最艰难的时刻，最终以他们创作的米老鼠和唐老鸭而享誉世界，举世皆知。从此之后，这两个经典的动画形象为迪斯尼赢得了27项奥斯卡金像奖，这份殊荣举世无双。

倘若迪斯尼改变了，依从老师的意愿让自己充满想象力和创造力的作品变得符合现实社会的标准，那么也许今天就没有米老鼠和唐老鸭以及众多经典迪斯尼形象的诞生了。小小的坚持，也许就会彻底改变我们人生的命运和轨迹，使我们成为人生的赢家。一味地委曲求全，跟随他人的态度和意见而改变，最终只会让我们迷失自己，无法成就真正的自己。我们需要的不是他人的成功，而是属于我们自己的成功，这一点从未改变过，对于任何人都很适用。

做自己的主人，我们对于命运的把控也会变得更强。做自己的主人，我们才能主宰一切，不再随波沉浮。无数人梦想着掌控世界，那么就先从做自己的主人，主宰自己的命运开始吧！只要你坚持不懈，不忘初心，努力不放弃，一切都有可能实现！

不忘初心，方得始终

每个现代人都承担着巨大的压力，也面临着各种各样的诱惑。我们对于生活的期望太多，却在努力的过程中渐渐忘却了初心，陷入无端的抱怨之中，由此进入恶性循环，最终忘却自己既定的目标，在生活的欲海中浮浮沉沉。不得不说，现代人虽然思想更加开放和活络，却没有了定力，总是很容易改旗易帜，调转船头，不知驶向何处。

有一点不容怀疑，那就是每个人的人生都不会一帆风顺。在面对人生的诸多不顺时，我们或者选择坚强面对，或者选择见风使舵，随机应变，顺势而为。总而言之，我们不能与命运针锋相对，而只能以巧劲改变命运，从而使自己的人生更加顺遂。然而，在一次次的妥协和退让中，我们渐渐习惯了软弱。正如前文所说，一个人不应该放弃梦想，不管年岁几何。现在我们也要说，一个人不能忘却初心，不管历经多少艰难坎坷。也许有的时候的确退一步真的能海阔天空，但是更多的时候我们唯有坚强地面对，才能更加看清楚自己的内心，到底什么是值得保留的，什么又是应该放弃的。

当然，妥协并无可指责，有的时候我们仰首是春，俯首是秋。但是，即便我们偶尔向命运低头，也应该牢记自己的本心，不能因为一时的妥协就忘记远方风雨兼程的目标。曾经我们以为自己得到了很多，殊不知那一切都是命运冥冥之中的安排，得到有的时候恰恰意味着更多的舍弃。我们必须牢记一个道理：人生不是用来妥协的，我们越是退缩，也就越容易形成退缩的习惯。生活也不是用来将就的，当我们昂首挺胸，反而能够得到命运意外地馈赠。虽然我们不能总是自视甚高，但也不能总是卑微到尘埃里，幸福既有着人间的烟火气息，也有着超然于物外的清高孤傲。尤其是当退让与尊严息息相关时，我们更应该勇敢地昂首挺胸，在人生中大步向前；或者是对某些事情的处理关系到原则，那么我们必须坚守自己的底线，千万不能轻易退让。

很久很久以前，有一位生活贫苦的牧羊人，依靠替别人放羊为生。有一天，牧羊人带着两个年幼的儿子一起去放羊，他们来到一个向阳的山坡上。当时，牧羊人和两个儿子并排躺在山坡上，看着大雁越飞越远。小儿子问爸爸："爸爸，大雁要往哪里飞？"牧羊人和颜悦色地告诉儿子："天冷了，大雁为了躲避寒冬，要飞去遥远的南方，那里温暖如春。"这时，大儿子羡慕地说："假如我也能生出一对翅膀，和大雁一样想去哪里就飞到哪里，那该多好啊！"小儿子也兴致盎然地喊起来："我也要有翅膀，我也要当大雁！"这时，牧羊人笑着对儿子们说："其实人类也是有翅膀的，只要想飞，你们有一天肯定也能飞到天空中。"

两个儿子从草地上爬起来，站在阳光下挥舞着胳膊，跃跃欲试。然而，他们都没能飞起来。牧羊人看着儿子们失望的眼神，说："让我试试吧，我应该能飞起来。"说完，牧羊人张开双臂努力上下挥舞，最终也以失败告终。但是，牧羊人坚定不移地告诉儿子们："我太老了，翅膀无力了，你们还小，只要你们继续努力，将来一定能够飞到任何地方。"两个儿子牢牢记住了父亲说的话，从此之后，他们始终牢记着飞天的梦想。直到有一天，哥哥36岁，弟弟32岁时，他们终于发明了飞机，如愿以偿地飞到了天空中。他们，就是莱特兄弟。

在这个事例中，牧羊人虽然贫穷，但是精神上非常富足，面对孩子们的飞天梦想，他没有当即否定，而是小心翼翼地将这个梦想栽种到孩子们的心目中，让孩子们从小到大始终牢记着这个梦想，一刻也未曾忘却初心。正是因为这样的坚定执着，莱特兄弟才能在长大成人之后完成心愿，帮助整个人类飞天梦想的实现跨越出实质性的一大步。

每个人都行走在通往梦想的路上，有些人之所以实现了梦想，是因为他们从未忘却初心，始终牢记着梦想，一刻也不曾放弃对梦想的努力。有些人之所以在实现梦想的道路上渐渐偏离，渐行渐远，就是因为他们忘记了初心，依然无法找回最初的自己。朋友们，不管我们走到哪里，也不管我们选择了怎样的道路，梦想就在那里，等着我们去寻找和实现。既然如此，就让我们怀揣着梦想上路吧，只有不忘初心，我们才有可能创造属于自己的人生辉煌。

今日的安逸，要以未来的幸福为代价

古人云，由俭入奢易，由奢入俭难。同样的道理，一个习惯了安逸生活的人是很难拼尽全力去奋斗和拼搏的。所以，我们每个人在应该拼搏的年龄，千万不要选择安逸，否则我们就会改变人生的轨迹，甚至因此而失去一生的幸福。有一点可以肯定，那就是每个人都喜欢安逸，都希望能够在安逸之中享受人生，遗憾的是，安逸不能帮助我们铸就人生的辉煌，更不能帮助我们收获属于自己的成功和幸福。

人生就像是一场没有归途的旅行，虽然有预先设定好的路线，但是各种意外的状况层出不穷，频频发生，导致我们计划不如变化。为了不给自己留下遗憾，我们应该尽情地享受这场旅行，需要注意的是，千万不要因为劳累而停下奔波忙碌的脚步。否则，我们非但无法距离目标越来越近，反而有可能事与愿违，距离目标越来越远。在这种情况下，我们如何能够获得长久的幸福呢？也曾有人说，生命是一场华丽的冒险，充满了无数的未知与变放，简直就是探险家的乐园。虽然我们不是探险家，但是我们应该努力成为探险家，这样我们才能在幸福到来的时刻安然享受，于心无愧。试问，一个旅者如果始终在第一站的驿站休息，又如何能够领略人生途中别样的风景呢！

现实生活中，有多少人之所以在一生之中碌碌无为，就是因为他们在苦难和挫折面前选择了放弃。一个真正的旅者，不会因为随时而来的风霜雨雪停下脚步，也不会因为脚底的泥泞而止步不前，他们一定会非常勇敢地面对未知的旅程，甚至张开双臂迎接它们的到来。现实社会中，很多年轻人都选择了安逸的生活，这也是很多大学毕业生选择回到家乡过按部就班生活的原因。然而，也有少部分年轻人选择了闯荡，并非他们不愿意享受幸福和安逸，而是因为他们深知只有在最好的年纪不遗余力地拼搏，人生才会更加圆满，才能获得长久的幸福。不得不说，这样的年轻人是有远见的，他们站得更高所以看得更远，也由此决定了人生的大格局。

大学毕业后，马波选择回到云南老家的县城工作，龚娜则选择去了遥远的北京。这一对从小青梅竹马的好伙伴就此分道扬镳，原本若隐若现的情谊也随着距离的拉伸而渐渐消失于心底。十年过去了，马波俨然成为一名中年男性，过着最普通的日子，每天朝九晚五，按部就班，孩子也已经能打酱油了。在十年的同学聚会上，当看到这个有些秃顶且大肚凸起的男人时，龚娜不由得感慨万千。曾经，她在心底里爱着这个男人，如今他已经老了。

龚娜呢，比十年前更显得富有青春活力。如今的她与十年前已然不可同日而语，已经胜任公司大区总监的她虽然还没有结婚成家，但是身后排长队的追求者不是这个公司的高管，就是那个公司的老总，马波和这些男人相比当然不可相提并论。想到这里，龚娜有些惆怅，就像是看着自己曾经青春的梦如今已经老得像一个皱皱巴巴的核桃，她心里酸酸涩涩的。在聚会进展过半时，龚娜终于忍不住，问马波："难道你就没有想过改变一种方式生活吗？现在的生活其实更像是养老啊，有些为时过早了吧！"马波无奈地笑了，说："生活当然不能与你的相比，不过对于我们这些留在老家的人来说，生活还是很满足的，毕竟衣食无忧，也很安逸。"听了马波的话，龚娜觉得自己心底里的梦彻底破碎了，想了想又不免觉得释然：

"归根结底，每个人都有属于自己的人生。"

在应该拼搏的年纪选择了安逸，整个人生也就会像是退休人员那样，变得死气沉沉，毫无新鲜的感觉。大学毕业十年之后再聚首的龚娜和马波，俨然已经成为两个生活层次的人，一个正如奔驰的列车马力十足，一个则俨然如同泄气的火车，已经进入平稳阶段，让人完全无法提起任何兴致来。人生就是如此神奇，每个年龄段都有每个年龄段该干的事情，这是生命的自然规律，也是人生成功的秘诀之一。

年轻的朋友们，我们可以因为兴趣爱好从事一项工作，也可以因为一份野心挑战自己的极限，唯独不要为了安逸选择一份工作，否则这将会成为我们终生的囚笼，导致青春花季如垂暮之年，阳光变成阴霾。即便我们因为家人的期望想要找一份安稳的工作，也应该兼顾到自己的野心和人生。要想做到这一点，拥有长远的眼光必不可少。古人云读万卷书，行万里路，虽然我们短时间内无法做到这一点，但是我们可以通过各种各样的方式开阔自己的眼界，诸如多读书，或者做一些有意义的事情，也可以走更远的路，到达生命的巅峰。总而言之，唯独不要在享受之中过分安逸，导致斗志全无，意兴阑珊，最终错失人生最值得珍惜的青春年华，也使得人生的列车误入歧途，影响一生的幸福大计。

浮躁的心，让人无处躲藏

这个时代处处充斥着浮躁，不但社会风气浮躁，每个人也变得越来越浮躁。我们已经没有时间看看清晨的朝霞，也没有心情欣赏落日的余晖，我们整日辛苦劳碌，在这个纷繁的世界上奔波忙碌，唯独忘记了问一问自己的心：我想要怎样的生活。迷失了本心的我们，带着一个浮躁的躯体，跟着世界的波浪起起伏伏，似乎已经变成了一叶扁舟，在漫无边际的大海上航行，却根本没有明确的航向。

随着生活节奏的加快、工作压力的增大，越来越多的人生活过得不知所踪，各种心理和生理问题频繁发生。可以说，浮躁是一切心理疾病的根源，正是它使我们越来越远离幸福的生活，意志麻木，兴致索然。浮躁的人还会失去主见，变得人云亦云，彻底违背了自己的原则和观念。浮躁还会使人们得意忘形，有一点点成就就变得自满，甚至忘记了自己姓甚名谁。由于浮躁衍生的焦虑，也深深影响着我们的生活，使我们在生活的各种失意中无处遁行。浮躁这一时代弊病，已经绝不仅仅是个例了，而是普遍存在的现象。

作为职场新人，尤其是房产销售行业的新人，玛丽最近承受着巨大的工作压力，简直感觉快要崩溃了。这段时间，玛丽正在跟进一个很大的客户，这个客户她从进入公司之初就开始跟进，但是一直以来都没有大的进展。眼看玛丽还有半个月就要过试用期了，她不由得急躁起来。有一天，在与客户沟通无果的情况下，她居然气急败坏地说："我看你还是别买了，等你考虑好了，房子早就没有了。"客户听到玛丽这句没好气的话，原本有些蠢蠢欲动的心瞬间火冒三丈，他生气地说："你这个小丫头，我原本已经决定不管早买晚买都在你这里买了，没想到你之前的服务都是伪装出来的。你这样的人让人不敢恭维，我还是找个心口一致的人买房吧，你如此急功近利，我还担心我真的把钱交给你之后，你就不认识我了呢！"就这样，原本已经煮熟的鸭子飞了，玛丽懊悔不已。

销售工作首先是把自己推销给客户，然后客户才能放心地把钱交给我们，购买他们所需要的东西。尤其是房产这样的不动产，涉及金额巨大，客户就会更加谨慎小心，也会从侧面综合考察推销员的情况。只有当他们发自内心地信任销售员时，他们才会放心地交出自己的积蓄。而玛丽的急功近利，让客户意识到她的一切耐心服务其实都是为了利益，如此一来客户怎么还能继续信任她呢！

不管从事什么工作，也不管面对什么人什么事情，我们都要戒除浮躁的心态。当我们心中云淡风轻，整个世界也会瞬间安静下来，不再飞沙走石，蔓草荒野。由此可见，浮躁作为一种情绪，就像是人生的一个噩梦，常常会让我们在失控之下说出失去理智的话或者做出失去理智的事情。当浮躁让我们变得心浮气躁，不如沏一杯茶，品一品月，更加淡定一些吧！

面对人生冷遇

人的一生，说长也长，说短也短。在漫长而又短暂的一生之中，我们的人生不可能永远都平顺，更多的时候，我们会遭遇坎坷和挫折，也会受到冷落。这就像是大海中的波涛一样，既有波峰，也有波谷，唯有保持内心的淡定从容，我们才能平静对待波峰和波谷，才能更加顺利地渡过人生的逆境。

面对人生冷遇，有些人会不停地抱怨，尽管于事无补，而且使自己陷入恶性循环之中，但是他们依然无怨无悔地抱怨，似乎抱怨是他们唯一的出路。明智的人则不会这么做，因为他们知道与其花费宝贵的时间和精力用来抱怨，不如努力提升和完善自己，使自己在人生之中得到更多的馈赠和礼遇。也许他们并不能如愿以偿，但是只要展开切实的行动，他们就能赢来新的发展契机，从而改变命运。

希望永远存在于我们的心中，不管我们此刻面对的人生多么艰难，只要我们心中有希望，我们的人生之路上就有灯光。在暗夜之中，恰恰是那如豆的灯光给了我们无限的温暖和慰藉，也让我们的人生之路更加开阔。要知道，任何人都不可能占尽优势，绝无劣势。更多的时候，人的优势和劣势是相互转换的，也许在这种情况下是优势，到了另一种情况下就变成了劣势，反之亦然。由此可见，只要我们心怀希望，努力寻找生机，即便遭遇绝境，也能绝处逢生，为自己赢得更加美好的未来。

毋庸置疑，人生遭遇冷遇是很难堪和尴尬的，尤其是在冷遇维持很长的时间都没有转机的情况下，如果没有坚韧不拔的毅力，没有勇敢向上的拼搏精神，我们就不可能熬过人生中黎明前那段最漫长而又黑暗的时期。所谓吃得苦中苦，方为人上人，也只有能够耐心坐得人生冷板凳的人，才能沉下心来认真地思考人生，帮助自己赢得未来。

大学毕业后，黎明之所以选择这家公司，就是因为看到这家公司有海外公司，以后也许能够争取到机会出国。为此，黎明自从进入公司之后就兢兢业业地工作，从未有过一天的放松。果不其然，黎明负责的海外市场的工作进展非常顺利，接连几个大项目都顺利上马。原本，黎明以为自己距离梦想中的成功越来越近了，不想一天中午，老总突然叫黎明去他的办公室谈话。这次谈话之后，黎明被调动到另外一个刚刚成立的部门，虽然老总美其名曰黎明能力强，能够帮助公司打开局面，但是大家都心知肚明，那个部门形同鸡肋，食之无味，弃之可惜，简直没有任何可取之处。面对这样的境遇，也许有些人在冲动之下就会选择辞职走人，但是黎明则静下心来，开始努力学习英语，以便等到机会到来时能够抓住机会。果不其然，当黎明在新的部门里把英语从四级提升到八级，而且通过了托福考试之后，他突然得知公司的海外事业部正在招聘一个熟悉内地市场的人选，为此他毫不犹豫地投递简历和资料，参加了竞聘。结果，工作经验和英语水平都完全符合要求的黎明，顺利获得了这个职位，也如愿以偿地去了澳大利亚分公司工作。至此，黎明终于坐完了人生的冷板凳，迎来了人生中新的阶段和机遇。

在遭遇冷遇的时候，黎明没有感到愤怒，更没有抱怨，他看似逆来顺受，实际上却抓住了每一分每一秒的时间帮助自己做足准备，迎接机会的到来。正因为他能坐好人生的冷板凳，让自己准备充分，所以他才能在机会到来时从容地抓住，进而实现自己的人生梦想。不忘初心，方得始终，不管是处于人生的顺境还是逆境，我们都要始终保持积极乐观的人生态度，才能最大限度地发挥自身的实力和潜力，创造出与众不同的辉煌人生。

人生路上，每个人都有可能遭遇冷遇，恰恰是因为对待人生冷遇的态度不同，每个人也才拥有了完全不同的人生。即便一个人非常努力，也有可能付出得不到回报，甚至得不到公平的待遇。在这种情况下，不要抱怨，更不要气馁，只要你能够坚持不懈地坐好冷板凳，人生就会再次柳暗花明。

小的舍弃或许会换来丰厚回报

有人说，人生就是在舍弃与得到不停的交错中进行的，的确如此，只要活着，我们似乎每天都在不断地权衡，到底是舍弃，还是得到。然而，机关算尽太聪明的人往往没有完满的人生，反倒是那些大智若愚的人，以吃亏为福气，反而能够得到更多的回报，这是命运的馈赠。

人生在世，可以计较的东西实在太多，假如我们始终都在为了身外之物而斤斤计较，人生必然会少了许多乐趣。其实，真正参透人生的人会了解，除了生死，人生根本没有什么事情是真正值得放在心上的。倘若能够想明白这一点，则那些小小的失去又算得了什么呢！还有人说，当上帝为你关闭一扇门时，也必然会再为你打开一扇窗。整个世界都在以微妙的平衡存在着，我们唯有尊重这种平衡的规律和原则，才能与其他的人事和谐共生，才能保持自身的平衡。

很多靠海吃海的渔民都会遵循流传至今的生态规则，如把渔网的孔洞编织得更大一些，这样一来那些不够大的小鱼就会成为漏网之鱼，继续回归到大海中成长。当捕捉到不够大的螃蟹或者其他海产品时，他们也会将其还给大海，从而维持生态平衡。这就是对自然的尊重。如若不然，就会涸泽而渔，导致大海里丰富的海产品逐渐枯竭，最终大海变得贫瘠，所有人都无法再得到大海的馈赠。从这个角度来看，渔民们虽然舍弃了眼前的小利，却换取了长远的发展和可持续性发展，这正是舍小利换取大利的智慧。

作为美国著名的环球供应商和分销商，通用塑料公司的规模很大，其服务范围非常广泛，涉及包装、器材、航空、建筑等各个领域。总体而言，通用塑料公司主要销售消耗性材料，按照常理来推断，他们一定愿意客户消耗得更快，这样才能更多地购买他们的产品。然而，通用塑料公司却偏偏反其道而行，专门派出技术支持小组亲自奔赴位于各地的客户工厂，尽心尽责地教授客户们如何有效减少消耗品的消耗。对于一个目光短浅的人而言，听到这个消息肯定会觉得难以置信，甚至嘲笑通用塑料公司自挖墙脚。事实却证明，通用塑料公司非但没有因此而导致销售量萎缩，反而在一年的时间里帮助客户节省生产成本高达六七千万美元，并且同时也将自身收益提高了十一个百分点。

毫无疑问，通用塑料公司具有长远发展的目光，所以才能主动舍弃小的利益，从而成功帮助客户节省成本，并帮助自身提高了利润。实际上，每个企业在经营和发展的过程中都面临这样的问题，是选择盯着眼前小小的利益舍不得放弃，还是选择放长线钓大鱼，从而为自己赢得长远利益，全看企业的抉择。

在商场上，很多成功人士都深谙此道，也都以此作为立足和经营之本。也正因为如此，他们才能在激烈的竞争中获得成功，才能为自己赢得长远发展。不得不说，大凡能够舍小利而换取大的利益和长远利益的人，都是真正深谋远虑的人，都是具有长远目光和真知灼见的人。不管时代如何发展，作为经营之本的道理不会改变。无论世事如何变迁，我们立足人世的原则和底线不应该改变。人生正如月亮有阴晴圆缺，只有得意时不骄纵，失意时不绝望，我们才能驾驭人生，畅享人生。

第 03 章

你的价值无限量，创造属于自己的核心竞争力

每个人都希望自己变得更加完美，也希望自己能够把每件事情都做到极致，因为唯有如此，我们才能在社会中为自己谋取一席之地，才能让自己的人生如同璀璨的珍珠般绽放出耀眼的光芒。然而我们不可否认的是，我们都是普通而又平凡的人，我们根本不可能拥有无穷无尽的时间和精力。那么，如何才能安排好自己的人生，把有限的时间和精力投入到无限的工作中去呢？这就要求我们必须要认清自己，培养自身的核心竞争力，把自己的优点和长处发扬光大，从而集中精力让自己在某个领域拥有突出的表现，这才是获得成功人生的正确道路。

金无足赤，人无完人

不可否认，我们的心中始终怀着一个梦想，那就是出人头地，让自己的人生绽放异彩。然而，也许在真正要开始设想和展开行动计划时，你会不由得心中忐忑，扪心自问："我真的能行吗？我有能力实现吗？"你可曾怀疑过自己，可曾对自己感到厌恶甚至是绝望，你是否总在各个方面否定自己，觉得自己一无是处？总而言之，我们都是普通而又平凡的人，每个人都或多或少地存在着各种各样的缺点和不足，也有自身独有的优点和长处，唯有怀着平实的心境坦然面对自身，努力扬长避短、取长补短，我们才能提升自己，成就自己。

古人云，金无足赤，人无完人。确实，品质再好的黄金也不可能达到百分之百的纯度，再优秀的人也不可能如同白玉无瑕一般没有任何缺点和不足，我们只有接受自己的不完美，才能以积极的心态面对人生，才能客观评价自己，从各个方面努力提升自己。倘若我们心中总是对自己的缺点耿耿于怀，那么必然因为这些缺点的存在对自己更加不满，导致心情郁郁寡欢，这样一来还如何能够坦然面对自己，悦纳自己，从而发展和完善自己呢！就像很多人身患癌症最终却奇迹般地康复了一样，他们之所以能够战胜癌症，就是因为发自内心地接纳癌症，与癌症和谐共生，而不再消极抵抗癌症，导致癌症更加凶猛地反扑，损害他们的身体健康。由此可见，很多不那么美好的事情并不会因为我们的对抗就消失，不复存在，反而会因为我们的对抗变得更加严重。与其作徒劳无功的挣扎，我们不如从现在开始就放宽心胸，帮助自己获得更美好的人生。

从小，丽娜就很喜欢唱歌，她对于歌唱有着天生的热爱，几乎每时每刻都哼着歌儿。到了初中，丽娜在一次班级的聚会上演唱了一首《橄榄树》，结果遭到了很多同学的嘲笑，甚至有些同学直接说丽娜唱歌就像乌鸦叫。至此，丽娜发现自己也许并不适合唱歌，虽然她那么热爱唱歌，但是上天没有给她一副好嗓子。后来，丽娜读完高中之后想要考取艺术学校，专业学习唱歌，却因为专业能力不过关被拒之门外。思来想去，丽娜决定不再和自己较劲，她有着婀娜的身姿，并且自小就在妈妈的督促下练习舞蹈，何不报考舞蹈专业呢！

经过一年复读，丽娜成功考取了舞蹈专业，并且得到了老师的认可和欣赏。从此之后，舞蹈功底扎实的丽娜一发而不可收拾，在舞蹈上取得了长足的进步，而且在各类比赛中获得奖项。就这样，丽娜成为了一名舞蹈家，她不但具有灵性，而且很有创造力。参加毕业演出时，丽娜以自编自演的舞蹈赢得了众人的瞩目，更被一个需要优秀舞蹈演员的剧组选中，出演女二号。就这样，丽娜的人生从此与众不同。

如果丽娜坚持要唱歌，也许只会成为一个三流的歌唱演员。幸好丽娜及时改变想法，顺势而为，避开自己的短处，发扬自己的优点，最终成为一名优秀的舞蹈演员。如此一来，丽娜或许会因为在舞蹈上的杰出表现，彻底改变自己的人生轨迹呢！

我们每个人都要承认自身的缺点和不足，唯有如此，我们才能发扬自己的长处，避开自己的短处，从而更好地提升和完善自己，并使得自己更加优秀。记住，命运总是公平的，也许你在这个方面没有突出的表现，但是只要你认真寻找，一定能够找到自己的长处，从而帮助自身更好地发展，创造出辉煌的成就。

补短板真的那么重要吗

很多人都曾听说过“木桶理论”，即一个木桶能盛多少水，并非取决于它那块最长的板，而是取决于它那块最短的板。木桶理论自提出后就很盛行，人们也从木桶理论联想到自身，因而纷纷主动给自己补足短板，因为他们觉得短板决定了自己优秀的程度。然而，虽然木桶理论与人才发展理论有着很多微妙的关联，但是生搬硬套地把木桶理论用于我们自身的发展，显然是不合时宜的。首先，每个人的天赋都是不同的，有的人天生擅长某一领域，而有的人却天生在某个方面是短板。如此一来，倘若我们一味地想要改善自己的缺点和不足而忽视了对于优点和长处的发扬光大，无异于舍本逐末。归根结底，人的精力是有限的，当你的精力花在某一方面多一些时，那么用在其他方面的就会相应减少。举个最简单的例子，一个孩子如果非常擅长数学，对语文却一窍不通，那么倘若他把所有课外的时间都用于提升语文的水平，则最终他的语文成绩依然难以令人满意，反而数学成绩也受到拖累，有所下降。在这种情况下，与其让孩子一味地补充语文，不如让孩子更好地发挥数学的天赋，语文只要进行适当的提升即可。由此可见，人们补充短板与木桶补足短板还是有很大不同的，必须要区别对待，因人而异。

1917年，罗家伦报考了北京大学文学系，他的语文试卷文采飞扬，才华的气息扑面而来，这让阅卷的胡适对他刮目相看，几乎不假思索地给他的语文试卷打了满分。因为感受到罗家伦的与众不同，胡适还特意向学校招生委员会推荐了罗家伦，说他是不可多得的人才。然而，校委会的负责人在翻阅了罗家伦的成绩单后不由得大为惊讶，原来，虽然罗家伦语文成绩是罕见的满分，但是他的其他各科成绩都很不起眼，甚至数学成绩居然是个大大的“鸭蛋”。看到罗家伦的偏科情况如此严重，校委会的人员产生了严重的分歧，甚至有人主张不要录取罗家伦，觉得他的能力不足以完成在北大的学习。当时，蔡元培校长负责主持招生会议，他和胡适一样看到了罗家伦的独特才华，因此极力主张录取罗家伦。就这样，罗家伦得以进入北大学习，后来更是成为“五四运动”的领袖人物，极大地推动了“新文化”运动的发展。得到众人一致认可和传诵的《五四宣言》，就是罗家伦亲自书写的。

时间一晃过去了十二年，这时，罗家伦已经担任清华大学的校长，成为清华大学的当家人。当看到钱钟书数学15分、英文满分和国文特优的成绩时，他似乎看到了当年的自己，甚至可以说钱钟书的数学还略胜他一筹呢！罗家伦毫不迟疑，大笔一挥，就破格录取了钱钟书。钱钟书后来在文学创作上取得了令人瞩目的成就，被人们尊称为“国学泰斗”，这也与罗家伦的赏识是分不开的。

在这个事例中，先是罗家伦以严重偏科的成绩得到了蔡元培校长的破格录取，考取了北大，后来又是钱钟书得到时任清华大学校长的罗家伦的赏识，同样以严重偏科的成绩得到破格录取，顺利进入清华学习，最终成为“国学泰斗”。倘若他们当初都没有竭尽全力地发挥自己的所长，而是投入所有的时间和精力弥补自身的短板，那么他们还能有这样令人瞩目的成就吗？答案当然是否定的。任何情况下，我们都不能墨守成规，更不能不分青红皂白地照搬那些理论，只有根据自身的情况更好地进行抉择，我们才能顺势而为，最大限度地发挥自身的优势，从而帮助自己在某个领域取得长足的发展，最终令人瞩目。

类似于罗家伦和钱钟书的事例还有很多，例如臧克家数学也是零分，最终却成为优秀的文学家，季羡林当初的数学成绩也很差，但是依然成为了著名的历史学家和文学家……由此可见，决定我们人生成就的并非是短板，而是我们的核心竞争力，我们的长板。和弥补短板相比，更重要的是发现人生的长板，这样才能发挥自己的长处和优势，进而帮助自身取得更长远的发展。

把简单的事情做到极致

众所周知，人生短暂，人的精力和时间更是有限的。假如我们面对人生的诸多选择始终不能做到理智放弃，导致无数的琐事分散了我们的时间和精力，那么我们终将一事无成。这就像是在战场上要想攻下敌人的堡垒，我们就必须集中所有的弹药和炮火冲着敌人的碉堡狂轰滥炸一样，唯有集中所有火力，才能有所收获。像是有些人的学习，他们看到什么都想学，都要学，却都浅尝辄止，最终导致自己什么都略懂一点，但是没有任何方面能够达到极致。如此一来，只能算是个平庸的人才，丝毫没有过人之处。

很多朋友小时候都曾玩过放大镜，第一次通过放大镜聚焦把所有的光和热都集中于一点，直到把纸引燃时，大家一定觉得万分惊奇。等到渐渐长大，才知道原来是聚焦的强大作用。不容置疑，为了把有限的生命集中起来，散发出耀眼的光和热，我们也要学会聚焦。只有把简单的事情做到极致，我们才能实现人生的辉煌。

从本质上来说，任何一件简单的事情其实都不简单。因为一件事情即使看起来很简单，但是只要我们能够坚持不懈，始终去做，那么简单也会在近乎固执的重复中变得伟大起来。正如人们所说，一个人做一件好事并不难，难的是一辈子都做好事，说的也正是这个道理。

作为一名普通的小职员，阿基勃特在美国标准石油公司里毫不起眼。即便如此，他依然把自己当成公司的主人，每次出差，或者去商场购物，总而言之需要签名的时候，他都会在签名的下方写上“标准石油每桶四美元”的字样，即便是在填写收据，或者是给朋友们写信的时候，他也坚持这么做。日久天长，全公司的人都称呼他的绰号“每桶四美元”，渐渐地，董事长洛克菲勒知道了这件事情，不由得非常感动：“作为公司最基层的员工，居然如此宣传公司，我必须认识这位职员。”就这样，董事长邀请阿基勃特共进晚餐，并且与他进行了深入亲切的交谈。等到洛克菲勒卸任之后，阿基勃特顺理成章地成为了第二任董事长。

也许有人会说，阿基勃特只是运气好，只是在签名下面写上“标准石油每桶四美元”的字样，就能成为董事长，简直是天上掉馅饼的好事情啊！的确，这件事情真的很简单，甚至可以说是举手之劳，但是只有阿基勃特一个人去做了，而且坚持不懈，从未改变。在美国标准石油公司里，一定有很多人比阿基勃特更有才华，也更懂得如何营销，但是他们最终都要接受阿基勃特的领导，负责自己的本职工作。这就是把简单的事情做到极致的力量，虽然简单，却并不平凡。

朋友们，当我们羡慕那些能力、学识都在我们之下的人取得成功时，千万不要认为他们只是运气好。所有能够得到好运气的人，一定有着过人之处，或者有着坚强的毅力，或者有着顽强的意志，总而言之，他们尽管平凡，却绝不平庸。在日常生活中，我们也要努力把简单的事情做到极致，唯有如此，好运才会不期而至，光顾我们的人生。

做人生的减法，哪些不可舍弃

人生之中有太多的加法，把我们的人生从呱呱坠地时的一张白纸，变成了再也无缝插针的涂色板。毋庸置疑，每个人都想在人生之中得到更多，也恨不得填满内心深处所有欲望的沟壑。遗憾的是，人的心是永远都不会知道满足的，我们唯有学会做人生的减法，才能给人生减负，才能更好地确定我们人生的目标，使得目标更加精准，不至于因为欲望的累赘而忘却初心，失去方向。

马斯洛提出了人类的需求层次理论，就像一个金字塔，我们每个人关于人生价值的认知也是有金字塔的，唯有正确地建立这个金字塔，我们才能让人生的目标更加明确，也使自己朝着一个确凿无疑的方向奔跑。然而，在物欲面前，很多人都迷失了本心，不知道自己真正想要的是什么。尤其是各种欲望纵横交错，使我们的人生徒添越来越多的累赘，在这种情况下，不如将人生的加法暂时改变成人生的减法，也许就能更加清楚我们的内心。曾经有一位大学教授让学生们在一张纸上写下自己认为是人生中最重要的东西，学生们全都运笔如飞，不停地写啊写啊，等到他们都写好之后，教授又让他们一样一样划去那些他们认为能够舍弃的东西。刚开始时，学生们划得都很轻松，毫不犹豫，但是越到最后，有些学生居然情不自禁地哭了起来，因为取舍实在是太难了。这就是人生的减法，我们必须知道哪些是可以舍弃的，哪些是哪怕失去生命也不能舍弃的，由此一来才能避免我们的人生总是走弯路，也能帮助我们更好地面对未来。

作为现代人，还有多少人能够做到清心寡欲呢！大多数时候，我们的心被欲望填满，根本无法轻松自如地行走于人生路上，更无法顺利地抵达目标。不仅是在生活中，在工作中我们也同样面临着各种各样的诱惑，还要不断经历纠结的选择。正因为如此，我们更需要建立人生的价值金字塔。很多时候，也许对于他人没有价值的人和事，对于我们恰恰是极富价值的，因而我们不能人云亦云，也不能盲目地随波逐流，唯有整理好自己的思路，我们才能恰到好处地做好人生的功课，让自己的人生秩序井然，条理明晰。

一直以来，熊敏以为自己已经变得铁石心肠了，毕竟现代社会是如此残酷，压力倍增，能者生存，让她早已没有了闲情逸致，心也渐渐长出了一层厚厚的壳。尤其是她所在的销售行业，更是充斥着各种各样的竞争，同事之间利益关系非常复杂。为此熊敏常常觉得心力交瘁，因为她完全是在承受双倍的压力，一个是工作上的，一个则是同事关系上的。尽管如此，她依然艰难地熬过了初入行的那段日子，如今的她已经是公司里的金牌销冠，任何人对她都敬让三分。

一个偶然的机会，熊敏得知一家公司的大老板要采购一批建材，因此她马上问询前去拜访。在闲谈中，熊敏得知公司里有位新来的业务员已经和这个老总联系过了，因而她不免有些犹豫。作为曾经也是新人的她，当然知道能够联系上一位准客户是多么地不容易，然而她又想：这个原本就是凭本事吃饭，那个黄毛丫头肯定拼不过我。想到这里，她笑着对老总说：“张总，您看，我呢不是大言不惭，我是公司的金牌销售，如果您从我这里采购，我一定给您争取更多的优惠，而且能保证在您需求量大的情况下供货不受任何影响。您看如何？”这个条件显然使老总怦然心动，对他而言也无所谓非要与谁成交，只要能够给自己便利就好，为此他马上就答应了熊敏：“你去帮我把价格谈到最低，我马上签约。”就这样，熊敏凭借着与上级的关系很快就争取到一个最优惠的价格，成功拿下了订单。而那个新来的小姑娘却因为没有在既定时间完成销售任务，最终被公司辞退了。看着小姑娘离开公司时幽怨的眼神，熊敏不由得愧疚起来，原本她以为这件事情很快就会过去，结果却始终横亘在她的心里，让她无法释怀。最终，熊敏找到上司说明情况，她又亲自去找那个小姑娘，挽回了小姑娘的工作，这才稍感心安。

一个人不论怎么变，心中都要有底线。尤其是在现代职场竞争激烈的情况下，我们唯有坚持做人的原则和底线，才能让自己问心无愧。事例中的熊敏之所以始终不能心安，就是因为她还没有那么坏，也知道不能为了自己的私利伤害一个无辜的小姑娘。为了求得良心安宁，她只好向上司说明情况，同时也挽回了小姑娘的工作。

常言道，人为财死，鸟为食亡。尽管我们为了争取利益可以作出很多让步，甚至自己也付出很多，但是我们必须坚持做人的原则和底线，这样才能让自己问心无愧地屹立于天地之间。否则，一旦我们彻底做错了，再想挽回就会很难。也只有做好人生的加减法，我们才能更加了解自己的内心，知道自己真正想得到的是什么。就像一棵大树虽然枝繁叶茂，但是假如根是歪斜的，就无法迎接风雨的挑战。我们唯有稳扎稳打，以做好人为基础，才能拥有人生更加宽阔的天地。

让薪水翻倍不再是白日做梦

对于每一个职场人士而言，升职加薪都是最现实的梦，也是最迫不及待想要实现的梦。尽管金钱不是万能的，但是没有钱是万万不能的，我们除了要谋求职业的发展之外，还要努力获得更多的金钱，这样才能有效提升生活的品质，才能让自己真正实现财务自由，成为不为金钱烦恼的自由人。不过，除非你是为自己打工的老板，否则你的薪水加不加、加多少，全部由你的老板说了算。在这种情况下，如何实现薪水翻倍的美梦呢？

和几十年前的计划经济中普通存在“吃大锅饭”、混日子不同，现代社会已经进入市场经济时代，一切都要由市场规律说了算，这不但对企业提出了更高的要求，对于我们每个人而言，也需要提升自身的能力，才能按照我们对工作的付出、贡献以及收益的情况，得到相应的报酬。由此可见，要想让薪水翻倍，我们首先要做的就是提高自身的能力，包括专业知识、职业素养和综合能力等。其次，要想让薪水翻倍，我们还应该正确认识自己，为自己找到合适的岗位，从而能够最大限度地发挥我们的特长，这样我们也能因为在工作上的出色表现得到上司的刮目相看。最后，记得曾经有人说过，即使一天辛苦地工作，也未必抵得上说好一句话。尽管这种说法听起来有些偏激，也未必适用于绝对的情况，但是它很好地告诉我们一个真理，即处理好职场上的人际关系对我们的工作可以起到事半功倍的效果，甚至能够帮助我们顺利赢得加薪。当然，这一点并非本文论证的重点，所以我们要从如何让工作更加卓有成效谈起。

作为一个三流大学毕业的大学生，小孟并不奢望能找到一份体面而又高薪的工作，因为他很清楚大城市里竞争激烈，人才济济，根本不缺他这样的大学生，而且有无数人抢破了脑袋等着找工作。为此，他很理智，对自己的认知也很公正客观。在咨询了从事职业规划工作的表姐意见之后，他义无反顾地一头扎进销售行业里。

果然，销售行业对于学历的要求相对较低，而且不要求必须是本专业的高学历。经过一段时间的历练之后，性格开朗外向的小孟在二手房经纪领域表现突出，居然很快实现了自己月薪五千元的期望。原本，小孟面试的几个文职工作薪金都只有两千多，以致小孟一度以为自己眼高手低，把薪酬期望定得太高。没想到，他这么快就实现了自己的薪酬目标。但是当看到公司里的很多金牌销售、王牌销售都月薪过万时，小孟心里又开始长草了。后来，他的期望月薪已经成为一万元，他还给自己定了个目标——当销售主管。

又经过一年的努力，小孟早已和一年前不可同日而语。此时的他已经成为拥有十人团队的主管，而且名片上俨然写着“销售经理”。现在的小孟又给自己制定了新的目标，对于实现目标也有了更加清晰准确的规划，相信一定能够很快完成心愿。

在这个事例中，小孟之所以能够在短短的一年多时间里实现几连跳，不但职位晋升，薪水也水涨船高，足足比之前面试的工作的月薪翻了五倍之多，确实令人刮目相看。不得不说，小孟是一个对于人生非常有创意也很有想法的人，最重要的是他具有向着目标不断奋进的恒心和毅力。正因为如此，他才能距离自己的梦想越来越近，人生的道路也越走越宽。

尽管对于很多人而言一年薪水翻五倍就是个不可企及的梦，但是这个梦在少数佼佼者那里并非遥不可及，而是完全有可能实现的。只要我们向着目标坚持不懈地努力，并且时刻把梦想记在心里，我们就会拥有更多的力量和强劲的动力，并能更快地实现目标，不断地超越和突破自我。

什么样的人才能成为大富豪

如今，很多同学大学毕业之后，会在五年或者十年的时候举办毕业聚会。五年聚会尚且还好，也许大多数同学并没有明显的变化，但是等到十年聚会的时候，原本处于同一起跑线上的同学已经有了明显的差别，或者有些同学成为了专业人才，或者有些同学成为了销售能手，或者有些同学已经开创了自己的事业，成为事业有成的小老板，当然也有些同学在单位里默默无闻，十年如一日，毫无变化……

无可否认，十年对于原本青春年少的同学们而言，就像是一个分水岭，是一段各自伸展拳脚拼江湖的黄金岁月。十年之后，面对着昔日的同窗好友，我们惊讶万分，也在意料之中，还有的人完全超出了想象，都说造化弄人，其实时间才是一把杀猪刀啊！记得参加十年同学聚会时，当时班级里学习非常好的尖子生，除了一个出国了之外，其他的都老老实实干着本职工作。至于那些调皮捣蛋的孩子，则全都八仙过海，各显神通，已经把人生折腾得改头换面了。那么，到底是谁成了班级里潜在的富豪呢？也许有年青有为的，如今已经成了千万富豪。不得不说，生活就像一个大染缸，染上什么颜色，完全凭着我们的心意。

作为一名高中生，彭勇是如何成为千万富翁的呢？其实，从初中时起，彭勇就看似毫不起眼，任何时候都坐在班级的最后一排，站队也是站在队尾，貌似没有什么惊人之处，但是在初高中的几十名同学中，偏偏就是他成为了千万富翁。和他相比，那些成绩一直都是佼佼者的尖子生同学们，或者出国，或者成为高级打工仔，都没有彭勇的成就与潇洒气度。

原来，彭勇高中毕业后和父亲一起在自家的小作坊厂子里干活，父亲主持大局，他则负责做些具体的事务。一天，彭勇和父亲一起去外地出差，父亲独自外出时不小心出了车祸，当场丧命。如此一来，不管是厂子里的事情还是家里的事情，全都压在了彭勇的肩膀上，看着心力交瘁的母亲，他更是暗暗告诉自己：我必须行！就这样，彭勇鼓起勇气，在朋友的帮衬下，熬过了最艰难的时期，把厂子办得风生水起。在大多数同学都在读大学的年纪，他却成为家和厂子的坚强支柱，也因为政策扶持，他把厂子越办越好，居然成为当地最大的实业。看到彭勇今日的成就，同学们纷纷羡慕不已。

彭勇的经历听上去并不算传奇，有人甚至会说他就是赶上了好时候，摊上了好政策，所以才能侥幸获得成功。其实，成功从来不会从天而降，彭勇之所以能够获得成功，一则是生活给予了他巨大的压力，二则是因为他花费了更多的时间从事看似简单、毫无技术含量的工作和经营。尽管如今高学历已经成为很多单位的敲门砖，但事实是某些时候成功真的与学历之间没有必然的联系。我们唯有认真专注地做好每一件事，尤其是要把简单的事情做到极致，才能最终获得成功。

朋友们，人生的奇迹并非从天而降，成功并非遥不可及。我们唯有怀着一颗真诚灼热的心和对梦想的执着，坚持把简单而又平凡的事情做到伟大，成功才能触手可及。

第 04 章

别抱怨现在赚钱少，先努力学着让自己值钱

现代社会，很多人都在抱怨自己付出得不到回报，或者他人对自己的评价远远低于自己的预期，由此一来必然导致心理落差，抱怨和牢骚也随之而来。其实，每个人是否值得他人花费重金聘请，并不在于聘请方的人是否足够大方，而取决于我们自身是否足够有价值。对于一个有价值且能为公司创造价值的人，聘请者一定会不惜重金，甚至求才若渴。由此可见，当你觉得遭遇不公时，与其把宝贵的时间用来抱怨，不如努力提升自己的学识、才能、涵养、素质等，让自己成为一个值钱的人。

抱怨是毒瘤，要早日摘除

多少庸庸碌碌的人是在抱怨之中失去人生的？大多数人都注意到成功人士头顶的光环，却丝毫没有留意过失败者失败的根源所在。和失败的诸多因素相比，抱怨无疑是最让人感到遗憾和绝望的，因为抱怨完全是主观因素，并非无法改变的客观因素。偏偏是这个主观因素让人无知无觉，还深陷其中，因而也就有越来越多的人因为抱怨彻底失去了逆袭人生的机会，从而让自己一生碌碌无为，满心愤懑。

对于任何人而言，抱怨都是一件糟糕的事情，除了让人得到暂时的发泄之外，几乎没有人能够从抱怨之中得到积极正向的能量。有人抱怨命运不公平，把自己生得太丑；有人抱怨父母无权无势，无法给自己的人生奠定基础；有人抱怨自己每天乘车几个小时往返公司，却只能拿到微薄的薪水；还有人抱怨了解自己的人太少，遇到的人又都不适合做朋友……只要我们有一颗喜欢抱怨的心，就总是能够从生活中找到可以抱怨的人或者事情，哪怕天上突然刮起大风，或者地上飞沙走石，都可以成为抱怨的借口。

抱怨从来不能让这个世界变得更加美丽，更无法使我们的生活变得美好，也无法驱散天空中的雾霾。我们一边要忍受着更加严重的雾霾天气，一边还要承受抱怨带来的郁郁寡欢和愤愤不平，如此一来岂不更加得不偿失吗？抱怨一次又一次不厌其烦地提醒着我们留意生活中的苦难和不快，却不能帮助我们驱散哪怕是一丝一毫的阴霾，反而会使人更加意志消沉，全无兴致继续面对生活。因而明智的人从不抱怨，他们知道抱怨是人生的毒瘤，只有早日彻底摘除，人生才能柳暗花明，阳光明媚。

1814年，亨利·内斯特莱出生于德国。他从小家境富裕，少年生活一直非常优渥，幸福与快乐始终伴随着他。然而，到了1833年，因为政治迫害以及社会不安，他们全家人逃亡到瑞士，从此过着艰难的生活。所谓由俭入奢易，由奢入俭难，突如其来的困顿生活让他的脾气变得十分暴躁，总是不停地抱怨。

有一天，亨利·内斯特莱路过一块刚刚被洪水侵袭的农田，发现那里原本郁郁葱葱的庄稼如今遍地狼藉，这不由使他感时伤怀，联想到自己的坎坷命运，感慨万千。这时，他看到有个农民正在这片满目荒凉的土地上辛苦地劳作，他走近后，发现农民正在弯腰补种庄稼，干得非常卖力。让他惊讶的是，农民的脸上丝毫没有一点儿沮丧绝望的神情，他不由得问："好好的庄稼被毁了，你不生气吗？"农民依然平静地说："天灾导致的，抱怨有什么用呢！并且已经这样了，与其抱怨，还不如及时补救呢！您看，洪水虽然毁坏了庄稼，但是这些淤泥都是上好的肥料啊，明年一定会是个丰收年。"说着说着，农民似乎看到了庄稼丰收的场面，居然高兴地哈哈大笑起来。内斯特莱却陷入了沉思，的确，既然抱怨于事无补，还会使事情变得更糟糕，又何必要去抱怨呢！想明白这个道理，他的人生彻底改变了。后来，他成为一名药剂师，专门研究能够替代母乳的婴儿食品，尽管经历了无数次失败，但只要想到那个农民说的话，他就马上调整心态，以更加积极的心态投入到研究中去。1867年，他终于成功研制出一种婴幼儿奶麦粉，是由牛奶和麦粉按照比例搭配混合而成的，成功降低了婴幼儿对乳制品的耐受力。与此同时，他也拥有了自己的食品公司，至今他的公司依然为全世界的婴幼儿提供健康安全的食品，他所创立的公司名叫雀巢。

如果不是遇到那位农民，遭遇人生变故的内斯特莱也许会就此沉沦下去，在抱怨之中度过自己的人生。幸好当他看到农民面对辛苦种出的庄稼遭遇洪水肆虐的损害却依然能笑得出来，且满怀希望和憧憬时，不由得茅塞顿开，否则也就没有了如今大名鼎鼎的雀巢公司。人生，就是这样在偶然的际遇中豁然开朗的。

偶尔的抱怨也许能够帮助我们宣泄情绪，但是一味地抱怨则会蒙蔽我们的心灵，使我们即使在面对人生机遇时也无法及时抓住机会，甚至与机遇失之交臂。正如大文豪泰戈尔所说，如果你因为错过太阳而哭泣，那么你也将错过群星。任何时候，不管面对怎样的人生，我们都应该怀着积极乐观的心态，这样才能坦然面对人生的坎坷和挫折，赢得更加美好的人生。

专注力，成功不可或缺的能力

人生不是短跑，不在于一瞬间的爆发力，而是一场马拉松，重要的是能够保持合适的节奏和拥有充足的体力，跑完全程。面对这样的人生征途，一时的兴致或者冲动无法支撑我们笑到最后，最重要的是要有专注力，从而在走过漫长路途之后，实现人生伟大的目标。倘若在人生途中总是三心二意，半途而废，即使目标很容易实现，也只怕会错失。由此可见，专注力是成功人生不可或缺的品质，正如人们所说，笑到最后才能笑得最好，也正是这个道理。

很多时候，面对生活或者工作中看似简单的那些事情，实际上我们需要超强的专注力才能完成。从某种意义上来说，越是看似简单的事情，越是需要专注力提供强力支撑。很多人都有这样的体验，在突然遇到紧急情况时，人们反而能够集中注意力应对危机。而在那些看似简单的事情上，人们却无法保持专注力，有的时候还会因为轻视导致注意力分散。由此一来，直接致使简单的事情也做不好。如果说成功一定是有秘诀的，那就是集中注意力做好简单的事情，做好你想做的事情。

在生活中，要想煲出一锅靓汤需要专注；在工作中，要想做好本职工作需要专注；在人生的道路上，要想把简单的事情做到极致，也同样需要专注，因为唯有专注才能让我们维持长久的毅力，帮助我们坚持到最后一秒，从而获得成功。可以说，如果人生缺乏专注，不但会与成功渐行渐远，还会失去很多乐趣，甚至最终错过整个人生。

大学毕业后，刘刚被分配到一家工厂的宣传部工作。对于这份工作，刘刚并不满意，总觉得自己是大材小用了。为此，他对待工作总是三心二意，根本不知道何为用心。一次，厂里举行了一次大规模的运动会，调动工人阶级如火如荼的工作热情。运动会结束后，厂长让刘刚写一篇报道，记录运动会的全过程，刘刚三言两语就写完了报道，不但内容空洞，而且感情生涩。看完这篇报道后，厂长把报道退给刘刚，说："你的这篇报道一看就没有用心写。如果用心了，不可能把这么热闹的运动会写得就像白开水一样寡淡无味。我不想说别的，只想告诉你，即便是再简单的工作，倘若不用心，也不可能出彩的。"听了领导的话，刘刚羞愧不已，说："领导，谢谢您的指点。"

次日，刘刚不再坐在办公室里闭门造车，而是换上粗糙的工作服，走到了生产的第一线。经过和工人们一天的相处，刘刚深深感受到他们内心的火热。在和工人们一起从事生产的过程中，刘刚也体会到劳动的伟大和光荣，为此，他满怀热情地写了第二篇报道。看完这篇报道后，厂长不由得拍手叫好："这才是用心写的文章啊！"

对于任何人而言，要想做好一件事情，哪怕只是简单的事情，也要非常专注。很多朋友都知道小猫钓鱼的故事，小猫因为三心二意，在半天的时间里连一条鱼都没有钓上来，更不要提钓大鱼了。人生也是如此，要想有所成就，首先必须专注。假如一个人从不专注，做任何事情都三心二意，那么他无论如何也不可能得到他人的认可，更无法得到相应的回报。事例中的刘刚倚仗自己是个大学生，不把宣传部的工作放在眼里，因而难免不够专心，这就直接导致他的报道无法打动人心，更不可能让人感受到他倾注其中的热情。相反，第二次写报道时，他专心投入并且加注感情，因而把报道写得有血有肉，让人读起来热血沸腾。这就是专注的力量。

从人生的角度而言，专注是一种至高无上的境界，能够帮助我们排除万难，勇往直前，也能帮助我们成就自己的人生。从心理学的角度而言，专注是一种注意力，也是一种认真负责的态度，更是一种顽强不屈的意志力。不管是在生活中还是在工作中，我们都必须非常专注，才能赢得未来，成就人生。当你变得专注，你还会有意外惊喜的发现，因为你会感受到专注力的美和魅力，从此习惯于专注做事。

不要让梦想停留在空想阶段

每个人都有属于自己的梦想，即使年幼的孩子，在被他人问起梦想时，也会在脸上洋溢起自豪的微笑，诉说自己稚嫩的梦想。对于任何人而言，人生最大的成就无非就是把梦想变成现实，然而，也不乏有些人把梦想与幻想、空想混为一谈，他们大胆地张开想象地翅膀，努力去梦想，却始终让梦想停留在空想阶段，从来没有真正想要把梦想变成现实。一味地耽于梦想会有怎样的后果呢？我们非但没有把梦想变成现实，反而失去了现实中原本拥有的某些东西，因为长久的幻想消磨了我们的斗志，使我们失去了人生的方向。在这种情况下，梦想只能起到负面消极的作用，尤其是当人生不如意时，一味地沉迷于梦想更像是鸵鸟把头埋在土里躲避危险，完全是自欺欺人。

曾经有位名人说，每个人都应该仰头看看天，这样才能让自己的目光更加长远，待人处事时才不会因为鼠目寸光而错失良机。我们要说，做人除了需要偶尔仰首看看天空，更要时不时地低头看看脚下。任何梦想不但要面对虚空的天空，更要面对脚踏实地的大地。台湾著名女作家三毛曾说过，勇敢者从不畏惧生命的重负，而是始终脚踏实地地朝前走去。诚然，做人要脚踏实地，把每一步都踩在坚实的土地上，因而梦想也要符合实际、切合实际，如此才能够变成现实。

现代社会，脚踏实地的人越来越少，空虚浮躁的人越来越多。他们以为梦想就是虚空，在说起梦想时口若悬河，滔滔不绝，但是当真正要把梦想变成现实时，他们却目瞪口呆，无计可施。不得不说，梦想与现实的严重脱节是人生的悲哀，而我们理应成为命运的主宰，成为人生的强者，这样才能掌控自己的命运，在为了命运奔波时，始终不忘初心，朝着既定的目标奔驰而去。

一直以来，虽然他只是一名普普通通的侍者，但是他始终梦想着终有一日拥有自己的大酒店。为此，他对待每一位客人都非常真诚，也尽心竭力，他不愿意错过任何一个为客户服务的机会。一个冬末春初的夜晚，天气乍暖还寒，他守在酒店大厅里值班，街道上人影稀少。突然，一对年老的夫妻走进来。然而，此时此刻已经没有房间了，想到这对夫妻也许还要在寒冷的夜里四处奔波投宿，他就把他们带到一间房子里，说："它或许并不完美，但是至少能给你们一晚的温暖。"年老的夫妻看到房间干净清爽，因而高兴地住下了。

次日清晨，年老的夫妻来到前台结账时，侍者却说："不用结账，因为我只不过是把自己的屋子借给你们住了一晚。祝愿你们拥有愉快的旅程！"原来如此，他为了让老夫妻安然度过一整夜，自己在前台值了一个通宵的夜班。老夫妻感动极了，丈夫激动地说："孩子，你是我见过的最优秀的侍者，相信我，你一定会得到报答的。"侍者笑而不语，把老夫妻送出门外。没想到有一天，他接到了一封信，信里有一张赴纽约的单程机票。原来，那天他接待的老夫妻是一对富豪，他们回到纽约之后为侍者买下了一幢大楼，并且将其装修成金碧辉煌的大酒店，交给他来经营打理。从此之后，这个世界上就有了希尔顿，它的第一任经理的故事也一直流传下来。

对于很多侍者而言，也许都梦想着有朝一日能够拥有自己的酒店，但是他们在工作中往往好高骛远，从来不愿意用心对待每一位客人。事例中的侍者却不同，他虽然眼下还在酒店里做一名普通的侍者，但是他真正把酒店当成自己的事业在经营。正是在这样的情况下，他用心对待年迈的旅客，最终博得他人的认可和赞赏，也使得自己的人生有了转机，迎来了奇遇。倘若那天接待这对老夫妻的是另一个侍者，偏偏他心浮气躁，厌烦地将老夫妻打发走，自己回到房间里呼呼大睡，那么这个世界上无疑会少一个大名鼎鼎、服务一流的酒店，也就没有了希尔顿的传奇故事。

不管是做人还是做事，我们都要脚踏实地。任何时候都不要梦想着成功能够一蹴而就，哪怕今时今日的你还处于社会底层苦苦挣扎，也并不妨碍你把手里的事情当成毕生的事业去完成、去成就。唯有怀着一颗踏踏实实的心，我们才能走好人生的每一步，让自己在稳扎稳打中获得成功的青睐。

与其抱怨挣钱少，不如让自己值钱

现代社会，每年的应届大学毕业生越来越多，堪称人才辈出，然而他们之中的大多数都还未曾就业，就已经面临失业的局面。归根结底，并非岗位不够，而是岗位找不到合适的人选，而人选又找不到合适的工作。在这种不平衡的情况下，很多大学毕业生都仓促地找份工作，却又因为对工作不太满意而骑驴找马，一边三心二意地干着现在的工作，一边四处寻找合适的工作。所谓合适，无非就是工作清闲薪水高。殊不知，现代社会的每一个岗位都是不养闲人的，倘若真的是清闲的工作，则薪水一定少得可怜，不可能令求职者满意。在这种情况下，越来越多的职场人士抱怨自己薪水太低，也嫌弃老板太过苛刻和小气，无法满足他们对于薪资的要求。

其实，对于职场新人而言，最重要的并非挣到多少钱，在经验积累的阶段，更为宝贵的是学到了多少知识，积累了多少经验，增长了多少见识。所谓磨刀不误砍柴工，倘若我们在这几个方面都有了长足的发展，那么我们的价值自然也会很快随之增长，也就无须介意初期微薄的薪水了。

记住，在抱怨自己挣钱少之前，不如先想一想如何让自己更值钱。现代职场一个萝卜一个坑，要想得到公司付出的酬劳，首先要为公司作出贡献，这样才能让自己的收获和付出成正比。那么，如何才能让自己变得值钱呢？首先，我们应该保持淡定平和的心。其次，还要拥有脚踏实地的态度。现代社会越来越多的人陷入浮躁，少说话多做事的人越来越少，如果我们能够以实力说话，则一定会令上司刮目相看。再次，我们还要为自己树立榜样，从而不断进步。最后，每天都要进行自我反省，总结一天的工作所得，激励自己始终保持激情。总而言之，帮助我们自身变得值钱的方式有很多，任何情况下，我们都应该加倍努力，不断提升和完善自己，如此才能彰显出自己的实力，成为那个让老板乐意付出高薪的职员。

大学毕业后，丽娜找了好几家公司，参加了多次面试，才终于得到现在的这份工作。和她一起进入公司的还有她的好朋友丝丝。她们不仅是大学同学，而且是好朋友，因而彼此之间无话不谈。工作了一段时间之后，丝丝不停地抱怨：“咱们的工资也太少了，还没有农民工挣得多呢！每个月交完房租之后，吃饭都成问题，让人如何活下去啊！”每当这时，丽娜总是安慰、鼓励丝丝：“继续加油吧，我听说公司里的很多职位一个月都能挣到五六千呢！我觉得只要咱们继续勤奋上进，不断学习，积累工作经验，薪水肯定也能慢慢提高的。”丝丝却不以为然：“那都得是猴年马月的事情了，我可等不及。要不咱们跳槽吧，找份工资高点儿的工作。”丽娜无奈地说：“像咱们这样既非名牌大学毕业，也没有工作经验，更无背景的毛丫头，真的不好找工作。我决定还是好好干下去，只要我们表现好，努力提升自己，早晚有一天会涨薪水的。”就这样，丝丝每天都在忙着找工作，四处投递简历，丽娜却稳如磐石，始终利用工作之余的时间努力提升自己，最终考取了会计师证书；同时，在公司工作一段时间之后，她也积累了丰富的工作经验。

眼看一年多的时间过去了，丝丝为了多出几百元工资，进入另一家公司工作。丽娜呢，虽然一直都在原来的岗位上，但是因为她的能力越来越强，工作表现越来越突出，因而上司给她涨了一千元的工资。后来，由于公司财务部主管离职，丽娜居然通过竞聘成功升职为财务部主管，此时她的薪水比刚开始工作时已经翻了一番，而丝丝却还在接连跳槽中，工资忽高忽低，根本没有稳定下来。看着丽娜如今的成就，丝丝后悔莫及。

如果觉得自己挣钱少，跳槽当然只能算是下下策，尤其是当你在一家非常有潜力的公司工作，并且很多同事都拿着高薪时，薪水暂时处于低水平只能说明你的能力还不足以匹配高工资。在这种情况下，一味地抱怨显然于事无补，最好的办法就是把用来抱怨的时间用于努力提升自己，这样一来也能够让自己变得值钱。所谓水涨船高，一个人自身的价值和他的工作所得一定是成正比的，要想提高薪水，最好的办法就是提升自己，唯有如此，我们才能如愿以偿地拿到高工资，开拓出职业生涯中更广阔的新天地。

不管做什么事情，我们都应该有目标，即便走出大学校园，走上工作岗位，我们依然要牢记这一点。对于薪水的提高，对于职业生涯的规划，我们必须非常用心，才能最大限度地发挥自身的潜力，帮助自身获得长足的发展。任何时候，我们都要具有反省自身的精神，这样才能反观自身的优点和缺点，使进步更加快速。

过好当下，未来才能无忧

人生之中往往面临很多犹豫和纠结的选择，在这样的情况下，倘若总是瞻前顾后，必然导致错失良机。在漫长的人生旅途中，我们必须学会取舍，才能坦然面对人生，避免进退两难的局面。很多人总是为了已经过去的事情耿耿于怀，又因为对未来的担忧，导致根本无法过好当下的每一天。这样一来，他们既失去了过去，也错过了当下，更没有把握面对未来，人生成为一个巨大的矛盾体，让他们的心永不安宁，无处安放。

其实，对于任何人而言，人生都是由今天组成的。昨日，是逝去的今日；明日，是还未到来的今日。既然如此，我们为何要为昨日懊恼，又为明日烦忧呢！只要我们从现在开始过好每一个今日，那么昨日就不会再空留遗憾，明日也会因为有了今日的坚实基础，变得更加美好。如此一来，我们就能够摆脱过分忧虑导致的焦躁不安，从而更加全心全意地过好每一个今日，使人生进入良性循环之中，不再徘徊彷徨。

实际上，很多人的担忧都是杞人忧天，他们明明知道事情没什么可怕的，却总是忍不住担忧，这不是未雨绸缪，而是杞人忧天。他们很清楚昨日之事已经成为历史，而历史是无法改变的，却依然陷入懊恼之中无法自拔，让无尽的悔恨折磨自己的内心，这也是庸人自扰。人生在世，几乎每个人都会遭遇各种各样的坎坷和挫折，也会因此使得人生不得不面对更多的遗憾。很多时候，我们的犹豫纠结恰恰是因为对遗憾不能释怀，倘若我们能够放开心胸，帮助自己神思清明，也许就不会纠结于这些无所谓的事情。由此可见，人生的那道坎其实就在我们的心中。

近来，菁菁家购买的新房马上要交房了，因而菁菁和老公林强借着周末的机会，一起去考察了几家装修公司。来到最后一家装修公司时，林强和业务员以及设计师相谈甚欢，彼此还是老乡，为此林强决定就和这家签约。看到林强坚持的样子，原本菁菁有些犹豫，但又想听从林强的建议，最终还是选择了签约。然而，在合同上签完字之后，菁菁就后悔了。她懊恼地问林强：“咱们是不是应该多看几家装修公司啊，而且咱们是不是决定得太仓促了？我听人家说装修里面的猫腻可大了，如果咱们被骗了怎么办呢？到时候装修效果出来不好，又怎么办！”面对菁菁一系列的疑问和质疑，林强只好说：“如果你觉得不放心，反正刚刚只交了一千元的定金，其他的明天才补呢，也可以反悔，顶多损失一千块钱。”听了林强的话，菁菁又为难地说：“凭什么咱们出来一趟溜一圈就扔一千块钱啊！我觉得这家其实还可以，因为之前看到业务员在朋友圈发了很多装修效果图，都是很不错的。”林强看到菁菁犹豫纠结的样子，说：“别想啦，就这家吧，不会差到哪里去的。等到装修好了验收的时候，有不满意的地方再说。”

因为装修问题，菁菁患得患失，惹得老公不耐烦，让她舍弃定金，终止合作。然而菁菁又觉得这家装修公司还不错，所以又开始犹豫纠结起来。其实，在作任何决定之前，都应该进行周密的思考，然而一旦决定，再患得患失，就只会让自己痛苦。很多朋友都有这样的体验，即在选择之前是最艰难的，只有等到选择之后，一切都尘埃落定，心才能彻底放下来。由此一来，自己也仿佛获得了解脱一般，感觉到轻松无比。

其实，对于任何人而言，都无法改变已经过去的昨天，更无法控制尚未到来的明天，唯一真正被我们握在手中的，就是当时当刻的今天。我们唯有把握好今天，才能更好地面对未来的挑战，才能以坦然的心境面对人生。

改变，是一切进步的开始

现实生活中，无数人被抱怨纠缠，抱怨已然成为他们生命中根深蒂固的习惯，无论遇到任何问题，他们的第一反应就是抱怨。即使寻求解决的办法，也要等到抱怨之后才能切实展开行动。在这样的人生中，抱怨俨然成为魔咒，使人生的一切都变得黯淡无光，也使他们的人生了无希望。与其花费宝贵的时间和精力来抱怨，也没有任何好处，还不如把这些时间用来改变自己，最起码能够在行进的过程中找寻到一线生机，使人生更加顺遂如意。

改变，是一切进步的开始。古今中外，任何大的变革之后也许会遭遇一段时间的动荡，但是整个社会也会因此前进一大步。可以说，社会的进步就是由变革推动的。同样的道理，人生也是由改变推动的。倘若人们在面对人生时总是不知所措，也不知道如何更好地面对未来，那么人生必然仓皇失措，失去方向。这就像盲人摸象一般，与其毫无行动地胡乱猜疑，不如展开行动，哪怕只摸到大象的耳朵也是发现了冰山一角，接下来继续展开探索之旅，反而能够让人生更加切实地进步。

在成为世界上最伟大的推销员之前，原一平曾经渡过了人生之中最漫长、最难熬的阶段。1930年初秋的一个清晨，在公园的长椅上过夜的原一平匆忙起床，用免费的自来水洗漱之后，从容不迫地走向保险公司。他是一家保险公司的推销员，因为拖欠房东房租，他只能被迫睡在公园里的长椅上两个多月。尽管他非常勤奋，但是工作上始终毫无起色，为此他不得不节约每一分钱，甚至把午餐都省掉了，不管去哪里都是依靠步行。即便如此，他依然囊中空空如洗。

承受着生活和工作双重巨大压力的原一平来到一家寺庙，向寺庙里的得道高僧介绍投保的好处。高僧对他彬彬有礼，但是听完他滔滔不绝的一番讲述之后，并没有购买保险的欲望。原一平不知所以，更不知道自己错在哪里，得道高僧平静地说："你的讲述丝毫引不起我投保的意愿，人与人之间，像这样面对面的交谈，必须具备吸引对方的魅力，否则根本无法打动人心。要想成为一名伟大的推销员，你必须从改变自己开始。"原一平就像是泄了气的皮球，刚刚的自信全都消失得无影无踪，因为他根本不知道如何改变自己。在高僧的指点下，他决定首先通过他人去认识自己，然后才能有效改变。他拿出仅有的一点点积蓄，请身边的朋友、客户吃饭，目的只为让他们指出自己的缺点。结果，他发现自己的缺点居然超出想象，他从未想过自己居然是一个那么糟糕的人。他的自信心受到打击，但是他也同时更加具有自信，因为通过一次次的批评会，他把自己身上那一层又一层的劣根性一点点剥落了，感觉自己获得了重生。最终，他彻底变了一个人，与此同时，他总结出了含义不同的39种笑容，他的微笑被日本国民称为价值百万美金，这是多么高的殊荣和赞誉啊！

原一平最终创造出骄人的销售业绩，他的保险销售业绩在1939年荣膺全日本之最，并从1948年开始，他一直蝉联日本销售之最的好成绩，让万众瞩目。1968年，原一平成为美国百万圆桌会议的终生会员。由此可见，他创造了销售行业的奇迹，也给无数像他一样默默无闻的年轻人以无尽的勇气和希望。

从一个露宿街头的年轻人，到销售行业的传奇式人物，原一平人生的转变就从他改变自我开始。任何时候都不要拒绝改变，否则我们就会陷入陈旧的规矩之中，无法逃脱自身的禁锢。正如一位名人所说，人最大的敌人是自己。任何情况下，禁锢我们的也恰恰是我们的心灵。只要我们能够勇敢地打破那个泥塑的自我，让自己在不断的历练中成就非凡，我们的人生也会从此与众不同。

只有改变，命运才能出现契机；只有改变，人生才能出现转机；只有改变，我们才能摆脱抱怨的魔咒，帮助自己更好地认清楚自己，竭尽全力地提升和完善自己。面对这样一个崭新的自己，还有什么是不可能实现的呢！朋友们，赶快行动起来吧，改变从这一刻开始！

第 05 章

现在的累是为了以后不累，现在的苦是为了以后不苦

在这个世界上，绝没有两片完全相同的树叶，更没有两个完全相同的人。每个人都是这个世界上独一无二的个体，是绝对不可复制的。所以，虽然我们可以学习他人成功的经验，但是绝不能照抄照搬他人的成功，因为成功的因素细碎繁琐，任何一点点的不同都会导致结果的完全不同。要想获得成功，就必须充分发掘自身的潜力，才能拥有丰富的人生经验，不断提升自己的智慧，从而找到属于自己的成功之路。

磨难，是人生的试金石

记得曾经有位名人说，每个人天生的条件其实相差无几，而最终人生的成就却截然不同，固然其中也有客观因素的影响和作用，但是更大程度上其实取决于人们面对艰难坎坷与磨难泥泞的态度。在顺境之中，人们的表现大同小异，大多数人都春风得意马蹄疾；而在逆境之中，人们的表现却反差巨大。有些人在面对磨难时拥有无限的勇气，而且会在磨难中被激发出更强大的力量，因而能够成功战胜磨难，从不屈服。相反，有些人在磨难面前胆小怯懦，甚至磨难还没有让他们屈服，他们就主动退缩了。这样的弱者根本不配拥有成功的人生，因为他们自身就不具备成功的任何素质。大多数人面对磨难会奋起反抗，最终却因无力坚持，致使半途而废。尽管他们积累了一定的经验，却因为缺乏毅力，最终不得不向命运屈服。从这一点来看，成功者与失败者之间最大的区别，就在于是否能够在磨难面前坚持到底，绝不放弃。

如今，世界各地遍布肯德基，人们已经爱上了这别具特色的西式快餐，却很少有人知道，肯德基的创始人桑德斯上校曾经为了寻找合作伙伴，遭受了1009次拒绝。原来，桑德斯上校退休后拥有的所有财产只是一家饭店，位于高速公路旁，尽管规模不大，却颇具特色，以独特的口味招来了很多回头客。桑德斯上校饭店的炸鸡非常美味，不但香酥可口，而且肉质嫩滑，为此他的收入也还算稳定可观。然而，由于高速公路改道，桑德斯上校饭店的生意突然间一落千丈，最终不得不关闭饭店。为此，他失去了经济来源，因而产生了出售炸鸡配方的想法。

尽管桑德斯上校不遗余力地推销自己的炸鸡配方，但是那些饭店并没有意识到炸鸡配方的价值，更不愿意花费哪怕是低廉的价格购买配方。他们看着桑德斯上校，居然还无情地嘲笑他，对于年迈的桑德斯上校而言，这无疑是让他感到悲哀的经历。然而，他并没有因为接踵而至的拒绝和嘲笑放弃自己的梦想，为了找到合适的买主，他开着一辆破旧的老爷车在全国四处奔波，为了省钱，他不住旅馆，而是吃住都在车上。终于，在被拒绝了1009次之后，桑德斯上校终于找到了合适的买家。从此之后，他的炸鸡连锁店开遍了世界各地，而且以连锁饭店的奇迹版本被载入商业史册。如果没有桑德斯上校的坚持，也许我们今天就无法如此方便快捷地吃到美味的炸鸡了。如今，看到桑德斯上校在每一家肯德基连锁店的前面展露的笑容，我们就不由得想到这位老人面对磨难坚定前行的态度和勇气。

每一个拥有成功的人，无不在成功之前付出了坚持不懈的努力，坚韧地面对人生的各种磨难。所以他们才能战胜挫折，超越自我，最终成就自我。如果说成功必须具备什么品质或者素质，那么坚韧一定排在首位。任何一个面对一点点困难就退缩的人，永远也不会得到成功的青睐。

珍珠之所以珠圆玉润，正是因为蚌用自己的血肉之躯日复一日、年复一年地磨砺它，才能让它渐渐拥有光泽，无比光滑；漂亮的鹅卵石也是很多人所钟爱的，但是在变成鹅卵石之前，那棱角分明的石头曾经经历了水流无数次的冲刷，最终才能成就自己的魅力；每一个成功者也是如此，正如人们常说的，宝剑锋从磨砺出，梅花香自苦寒来，任何一个成功者在成功的光环之下，都有着不为人知的付出和坚持。

人生的美丽并非凭空而来，就像大自然孕育瑰丽的奇宝一样，必然要经历重重磨难。作为命运的主宰，我们每个人都应该直面磨难，既不要胆怯畏缩，也不要因为缺乏毅力而半途放弃。笑到最后的人才是笑得最好的人生，人生充满酸甜苦辣，只有熬过人生苦难的人，才能让自己的心智变得更加成熟和坚韧，才能得到改变自己、提升自己、完善自己的契机，从而成就圆满的人生。

终有一日，那些磨难会成为财富

在真正承受苦难的那一刻，我们的内心必然是痛苦的，甚至觉得自己仿佛无法坚持下去、熬过苦难。然而，无论多么难熬的人生阶段，只要我们不放弃，苦难终究会成为过去。正如一位百岁老人所说的，人生就是熬。确实，没有人的人生会一帆风顺，这也就注定了每个人都会遭遇人生的苦难，受到难以想象的磨难。熬过去的人最终战胜了苦难，向磨难投降的人则成为人生的失败者，从此只能向残酷的命运俯首称臣。难道我们愿意为了一时的怯懦而被命运彻底降服吗？那些熬过人生苦难的强者告诉你，一切的苦难一旦成为过去，就会成为人生最丰富的养料，滋养我们的心灵，让我们的心灵变得更加丰实充盈，也让我们的内心变得更加强大坚定。在这种情况下，当你再回首那些苦难，也许你会感谢它们曾经对你的磨砺，因为，没有它们，你就不可能成为今天的你。

一年有春夏秋冬四季，也有四时不同的风景，人们在不同的季节选择相应的劳作，春种秋收冬藏，唯有顺应大自然的规律，才能享受更好的生活。人生也是有规律的，既有顺境，也有逆境，甚至还会有让人觉得难以承受的灾难发生。然而，只要活着，这些磨难就难以避免，因此，我们除了勇敢面对，还能如何选择呢？即便选择退缩，选择回避，这些磨难依然存在，反而还会因为我们的消极抵抗导致情况更加恶化。与其如此，我们不如勇敢积极地面对，有所作为，也许能够出现契机改变命运。这才是智者所为。

作为美国历史上唯一连任四届的总统，罗斯福总统不但受到了美国民众的深深爱戴，在全世界也声名显赫。然而，他的人生并不平顺。小时候，罗斯福的生活衣食无忧，也受到了很好的教育。然而在他三十九岁那年，由于患了小儿麻痹症导致双腿瘫痪，不能自如行走，对于一个正值人生壮年的男性来说，这简直是灭顶之灾。然而，罗斯福并没有因此而放弃自己的理想和信念，而是努力坚持锻炼，以求恢复行走能力。在佐治亚温泉治病期间，面对疾病他始终欢声笑语，从未垂头丧气。也正是因为他的顽强不屈，在经过一段时间的精心治疗和勤奋锻炼后，他终于于1924年成功地拄着双拐重返政坛，并且在1928年的竞选中，成功竞选纽约州州长。那些居心叵测的政敌们为了击败他，常常以他的残疾为把柄攻击他，他却总是能够以卓越的口才和真才实干，让政敌们的打击不攻自破。

1933年，罗斯福在总统竞选中以绝对优势击败胡佛，成功当选美国第32届总统。自此以后，他纵横美国政坛十几年，直到1945年去世。

罗斯福的一生是传奇的一生，他的不平庸来自于他在磨难面前始终保持坚韧不拔的精神，更不曾有过丝毫的妥协和低头。倘若他在身患小儿麻痹症之后就自暴自弃，觉得自己的人生了无希望，那么他又如何能够成就自己圆满的人生呢！由此可见，强者和弱者，成功者和失败者，不同之处就在于面对人生的态度，不同的态度，也导致了人们截然不同的命运。

能够坦然接受人生磨难，并且把磨难夹在人生之中甘之如饴吞咽的人，是真正睿智的人。他们从来不向苦难屈服，并且能够坦然面对苦难，所以才能在人生的每一个阶段都很好地把控命运，成为命运的主宰。

时间是疗伤的良药，任何苦难经过时间的发酵，都会变成人生的财富，帮助我们在人生之中得到更多的反思和收获。正是在这样的情况下，我们才能最大限度地发酵人生，使其在苦难之中渐入佳境。毋庸置疑，我们在顺境之中应该居安思危，避免得意忘形；在逆境之中也应该勇敢无畏，百折不挠，如此才能为人生寻找到更多的出路，更加接近成功。

有压力，才能有动力

现代社会，几乎每个人都承受着巨大的压力，生活节奏越来越快，甚至连坐下来吃顿早餐的时间都没有，工作压力也越来越大，似乎每天都在面临被裁员的厄运。在这样的情况下，每个人都如同逆水而上的鱼儿，如果不努力，就会被湍急的水流带到下游去。也因为巨大的压力，很多人身心憔悴，都处于亚健康状态，导致身体出现异样。其实，我们虽然要承受压力，但是不要把压力看得过于严重，而应该将其作为生活的一种常态，这样才能与压力和谐共存，才能把压力转化为动力，让我们的人生加足马力，稳步前进。

在严寒的冬季里，很多花花草草都枯萎了，唯有那腊梅顶风傲雪地盛开着。在悬崖峭壁上，松柏却能在绝境之中生根，傲然挺立于悬崖峭壁之上。这就是生命的力量。其实现代人并非无法承受那么大的压力，而是因为没有很好地将压力转化为动力，所以才会心力交瘁，倍感折磨。倘若我们能够以坦然的心境面对压力，并将压力转化为督促我们进步的源源不断的动力，那么我们的人生必然会焕然一新，甚至创造出生命的奇迹。

常言道，人无压力轻飘飘，这句话乍听起来也许是人们用来安慰自己的借口，但实际上确实如此。倘若一艘空船在海上行驶，那么遇到风暴时，一定会左右摇晃，甚至有倾覆的危险。在这种情况下，如果给船舱里加入一些货物，哪怕是海水，也能够增加船体自身的重量，使其在风浪之中保持平稳。人也是如此，如若我们感到自己的人生轻飘无力，也没有动力奋进，不如给自己增加些压力，然后再将压力转化成积极的力量，从而帮助我们获得更加平稳上进的人生。

阿波利纳尔·萨尔塞多七岁那年，和邻居家的小伙伴们一起在院子里玩耍。突然，一个邻居的孩子拿起家里的枪，朝着毫无防备的他射去，萨尔塞多惨叫着倒在血泊之中。尽管在医生的全力抢救下活了下来，但他自此失明。面对这突如其来的灾难，萨尔塞多并不认命，他虽然双目看不见了，但是还有聪敏的耳朵，睿智的心灵。他对待学习更加认真刻苦，最终以非常优秀的成绩完成了学业，毕业后进入省财政厅担任督察，并且接连连任三届。同事们都对萨尔塞多的表现有目共睹，也极力支持他竞选“市议员”。然而，因为眼睛失明，萨尔塞多的竞选之路充满艰难坎坷。

曾经，公交车上的乘客们面对宣传竞选主张的他，误以为是乞丐在进行乞讨。然而，他毫不气馁，始终怀着信心和勇气，勇敢前行。最终，他成功当选市议员，并且以高票获得三次连任。

萨尔塞多在黑暗之中看到了人生的光明，因而他更是勇敢地参加市长竞选。在他充满热情的竞选演讲中，很多民众都把宝贵的一票投给了他，他击败对手当选哥伦比亚市市长。在他的治理下，市政府工作进行得井井有条，人们对于萨尔塞多的工作都非常满意，也给予了他极大的支持。对于自己的人生，萨尔塞多曾经感慨地说："我相信，假如我的眼睛能够看得见，我不会拥有这样的人生。"

因为眼睛失明，萨尔塞多的人生陡然承受巨大的压力，但是坚强的萨尔塞多毫不绝望，而是勇敢地面对人生的困境，把生命的压力转化为动力，从而帮助自己走出属于自己的人生之路。倘若没有这样巨大的压力带给他超强的动力，他也许会像大多数普通而又平凡的孩子们一样按部就班地生活、工作，生命很难迸发出如此强大的力量，人生也不会取得这么辉煌的成就。

人是有无限潜能的，压力恰恰能够激发我们的潜能，让我们在面对灾难和苦难时迸发出前所未有的力量。只要我们恰到好处地平衡压力，将压力转化为人生的动力，我们就不会被压力打垮，而是能够在压力的督促和促进下，更加勇敢地面对未来，迎接命运的挑战。

勇敢的心，让你坦然面对挫折

人生不如意十之八九，每个人在人生之中都难以避免地会遇到各种坎坷和挫折。正如温室里的花朵经不起任何风吹雨打一样，始终在顺境中成长的人也很难承受挫折，哪怕是小小的挫折，都会使他们感到悲观绝望，沮丧失落。因此，现代社会很多父母都有意识地培养孩子们抗挫折的能力，因为父母已经敏锐地感觉到，倘若孩子缺乏抗挫折的能力，未来很难在社会上立足。这种观点当然是正确的，在现实生活中，那些初入社会的人，很容易因为缺乏抗挫折能力而自暴自弃，自怨自艾，最终他们的人生就在小小的挫折中凋零了。

相比之下，顶风傲雪的寒梅越是在恶劣的气候里越是绽放盛开，更别说小小的风霜雨雪了。归根结底，是因为寒梅已经习惯了逆境，承受过极端恶劣的气候，所以才能坦然自若。人也是同样的道理，假如我们的内心足够强大，就不会因为小小的挫折而放弃人生，即便遭遇严重的打击和磨难，我们也能从容面对。这就是强大的内心给予我们的力量，也是勇敢者的表现。

作为著名的体操运动员，正值花季的桑兰无疑有着繁花似锦的前途。然而，这一切都在1998年7月21日的那场赛前训练中戛然而止。因为一个手翻转体动作没有完成，桑兰头部着地，导致颈椎严重受伤，高位截瘫，桑兰的人生从此不同。尽管当时的美国医护人员对桑兰进行了及时的救治，但是依然不能帮助桑兰恢复健康。得知桑兰受伤的消息后，祖国人民对其给予了热切关注。这样惨痛的苦难，在任何人想来，都必然让青春少女难以承受。然而自苏醒之后，桑兰就从未流泪，而是以微笑的模样出现在公众面前。这个十七岁的小姑娘，以她顽强不屈的微笑征服了全世界。

在美国接受了十个月的治疗、病情基本稳定后，桑兰回到祖国继续接受康复训练。对于她而言，最艰难的不是训练的痛苦和磨难，而是她必须改变心态，转换角色。重新回到祖国母亲怀抱的她，已经不再是跳马王，而是一个高位截瘫的残疾人。她还那么年轻，生命依然充满了无限的可能性，为此她进入清华附中继续学习，还积极投身于公益事业……如今的桑兰已经拥有幸福的三口之家，像所有的母亲一样深爱着自己的孩子。生命于她，必然是一次又一次挑战！

毫无疑问，对于任何年轻的女孩而言，从身姿矫健灵巧的运动员，到不得不依靠轮椅生活的高位截瘫病人，这简直是灭顶之灾。然而桑兰很清楚，假如她就此沉沦绝望下去，也许人生就真的会陷入黑暗的深渊。为此，自她摔伤之后恢复清醒的那一刻，她就以勇敢的心面对现状，接受现状，以微笑迎接生命的未来。正因为如此，她从不能自理，到可以自理，再到努力学习和提升自己，再到克服重重困难成为母亲，如今，她已然成为生命的强者，傲然屹立于命运之巅。

人生在世，几乎每个人都想成为生命中的强者，这就要求我们必须拥有一颗勇敢的心。只有以勇敢的心作为支撑，我们才能更加坚定执着，排除万难，最终赢得生命的馈赠和礼遇。记住，我们如今艰难走过的岁月，必然在时间的沉淀下变成我们生命厚重的基础，帮助我们赢得更加充盈丰实的人生。

真正的强者一定能够战胜苦难

曾经有人问一个百岁老人长寿的秘诀，老人只说了一个字——熬。的确，对于跨世纪的老人而言，她不但经历了饥饿和战争，也经历了无数次人生的磨难。能够在一百年的时间里始终坚强地活着，并不是一件容易的事情。毕竟，人生顺境少，逆境多，并且人生坎坷的机遇也并非人力所能左右，就像人类在大自然面前无力一样，人在命运面前也同样无计可施。在这种情况下，我们要想成功跨越挫折，唯有“熬”。这个“熬”字看起来也许有些悲观，然而并不绝望。也许有人会说，面对人生的苦难，我们必须奋起反抗。确实，努力争斗是更好的办法，但是有很多时候灾难甚至超出了我们的承受力，让我们在当时认为自己迈不过去这道坎，在这种情况下我们当然不能放弃，而要以绝对的意志力和坚韧不拔的精神，顽强地“熬”过去。可以说，“熬”也是战胜苦难的一种方式，能够帮助我们超越人生灾难的沟壑，成功实现自我的圆满。

不管以何种方式面对灾难，强者的心态都应该是积极的。面对可以战胜的苦难，强者主动出击，面对无法战胜只能熬过去的苦难，强者也能够保持乐观的心态。由此可见，我们想要最终战胜命运，就一定要保持良好的心态。记住，苦难总是暂时的，生命就如同一条奔腾不息的长河，既会把我们卷入旋涡之中，也会把我们带出苦难，迎接更美好的未来。

如果把人生比喻成茫茫的大海，那么我们就应该是操控命运的舵手。一旦随波逐流，奔涌的海水也许会把我们带到不知名的所在，终将导致我们的人生之舟触礁沉没。即使风再大，浪再高，我们也要牢牢握住命运之舵，永不放手。

有一天，罗伯特来到芝加哥的中西部，向那里苦难的农民发表演说。然而，尽管他的演讲满怀热情，但是那些农民不以为然，他们只是说："我们生活在水深火热之中，最需要得到希望，这才是真正帮助我们。"听到农民的话，罗伯特不由得想起了自己的人生。

罗伯特的童年是在中西部的一个小农场里度过的。那时候，整个经济情况都不好，罗伯特的父亲本来是一个雇农，后来攒够了钱才买下了这个小农场。只有三岁的罗伯特常常忍饥挨饿，为了取暖，他不得不爬进猪圈捡拾那些猪啃剩下的玉米棒子，用以当作燃烧的材料。次年春天，又遭遇严重的旱情。父亲虽然种下了提前预留的几斗玉米种子，但是最终在经过大半年的辛苦劳作之后，收成也就刚刚和种子相抵，这岂不是颗粒无收嘛！罗伯特迄今不能忘记他们的艰难生活，然而这一切都熬过来了。

直到若干年后，他们的生活已然有了好转，他们把家里新建的九栋房屋粉刷一新，幸福已经成为他们的囊中之物。然而，在一个六月里的下午，他们的家受到龙卷风的肆虐倾袭，最终片瓦无存，父亲眼睁睁地看着自己一生劳碌的成果付诸东流。然而，他们没有放弃希望，而是继续努力，最终罗伯特让父亲在有生之年看到他的农场再次充满生机。最后，罗伯特告诉所有在场的农民："苦难终究会过去，强者才是命运的主宰！"这样的经历给了所有在场的农民以激励，让他们原本如同死灰一样的心再次充满希望，他们也给予了罗伯特经久不息的热烈掌声。

罗伯特的故事告诉我们，心若在，梦就在，希望就在。只要我们能够勇敢面对和迎接人生的苦难，就一定能够战胜苦难，最终迎来人生的柳暗花明。和那些遇到一点小小的困难就马上放弃的人相比，心怀希望的强者才是命运真正的主宰。任何时候，都不要在人生之海上随波逐流，至少要保证我们能够朝着既定的目标和方向不懈努力。

任何强者，都是坚强、勇敢且非常执着的，他们从不轻易放弃。哪怕面对人生再多的风雨，他们都能够勇往直前。或许每个人面对的苦难并不相同，但是强者面对苦难所表现出来的品质都是相同的。即使我们遭遇的苦难历时更加长久，我们也要坚持不懈，决不放弃。相信，总有一天乌云会散去，我们的人生会充满明媚的阳光。

人生总是先苦后甜

一根黄瓜，总是一头甜，一头微微泛苦。通常情况下，我们会选择从顶花的那头开始吃，因为那是头，可以先品尝到黄瓜的清甜。偶尔也会有人从瓜蒂那端开始吃，因为他们想要先吃苦涩的那一头，等到最后再吃甜蜜的那头。这是不同的人对于吃黄瓜的不同选择，尽管只是一件微不足道的小事，却可以看出他们对待人生的态度。

有人在一生之中，恨不得尝尽所有的甜蜜，而让苦难姗姗来迟。恰恰相反，有些人却希望自己在年轻时努力奋斗，多多吃苦，从而等到年迈时迎来人生的收获和甘甜。当然，人生之中所有的甜蜜和苦难不会集中出现，有的时候命运带来的苦难和甜蜜是交叉的。不过有些苦难与甜蜜却不同，它们是人们可以自主选择的。诸如奋斗，很多人选择在年轻的时候奋斗，尽管很苦很累，却能够为人生奠定坚实的基础，并为未来的发展创造更多的便利条件。与此恰恰相反，有些年轻人贪图享受，他们在应该奋斗的年纪选择了安逸，最终导致自己年轻时贪图安逸一事无成，年老时穷困潦倒悔不当初，却为时晚矣。对于可以选择的辛苦与甜蜜，真正明智的人会选择前者，先苦后甜，从而为自己赢得更加完满的人生。

现代社会，随着网络销售的兴起，有谁不知道马云的鼎鼎大名呢！作为互联网销售的传奇人物和领军人物，如今的马云与几十年前早已不可同日而语。很多人都看到了他现在的成就，却不知道马云一生之中三起三落，正是因为他有着顽强不屈的毅力，始终坚持艰苦卓绝的奋斗，更从未放弃过希望，才有了今天阿里巴巴的帝国。

早在高考时期，马云就因为数学成绩太差两次落榜，直到第三次高考，才考进了杭州师范学院。毕业后，他被推荐进入杭州电子工业学院担任教授，负责教授英语和国际贸易专业的课程。在担任教师的七年间，马云积累了很多关于国际贸易的知识，也为自己建立了丰富的人脉关系网络，这对他日后的创业起到了深远影响。

在担任教师期间，不安分的马云成立了海博翻译社，但是因为缺乏经验，公司经营不善，翻译社经营惨淡，为此马云不得不依靠倒卖各种小玩意儿维持翻译社的正常运转。1995年，马云在代表杭州市政府去美国洛杉矶处理合同纠纷期间，生平第一次认识互联网，从此之后他沉迷于互联网无法自拔。回到国内不久，马云就创办了中国黄页，后来却因为与合作单位理念不合而告终。也正是在那个时期，马云拥有了阿里巴巴的“十八罗汉”。他们对马云忠心耿耿，不管马云作何决定，他们都绝对拥护马云，始终跟随在马云的鞍前马后。后来，马云于1998年互联网刚刚兴起不久，在杭州创建公司。经过将近一年的筹备，西湖湖畔诞生了阿里巴巴。自此之后，阿里巴巴一路蓬勃发展，虽然也曾有过小小的风浪，但是公司在马云的带领之下和众人的齐心协力之下顺利渡过难关。时至今日，阿里巴巴已经成为全球最大的电子商务公司，马云也实现了自己风云迭起的辉煌一生。

马云的人生是典型的先苦后甜，不管是高中时期的学习和高考，还是毕业之后当老师期间成立翻译社，直至后来接触互联网之后的初步发展，都充满坎坷和挫折。然而，这并不能改变马云的伟大志向和目标。为此，他始终坚定不移地排除万难，向着人生的目标不断前进。也许时至今日马云回头再去看自己曾经的艰难经历，反而会觉得那是人生最宝贵的财富，激励着他在未来的道路上不忘初心。

很多年轻人都选择安逸的生活，殊不知人生是用来奋斗的，不是用来贪图享受的。尤其是在年轻的日子里，一味地享受，丝毫不思进取，只会让人们意志消沉，成为温室里的花朵，经不起任何风吹雨打。没有人的人生会是一帆风顺的，失去了昂扬的斗志和激扬的青春，必然导致我们在未来吃到更多的苦头。

第 06 章

不要担心一无所有，最可怕的其实是一无是处

在现实社会中，那些生来就拥有一切的富二代、官二代归根结底是少数，大多数孩子都是平凡普通的，生于普通的家庭，有着普通的资质，也无法一蹴而就地改变普通的人生，只能依靠自己的努力不断奋进。那些成功者中，有很多人都是生于普通，长于普通，而他们最后之所以变得毫不平庸，就是因为他们很清楚地知道：最可怕的不是一无所有，而是一无是处；只要保持一颗积极向上的心，最终能够改变命运。

一无是处比一无所有更可怕

每个生命在呱呱坠地之时，都是一张白纸，上面既没有任何痕迹，也没有任何记忆。然而等到漫长的生命历程过去，有的人依然像是一张不小心遗落的白纸，有的人却拥有了一张五颜六色、绚烂无比的人生图画，还有的人呢，白纸已经被画得乱七八糟，非常凌乱，根本不堪入目。毫无疑问，第一种人生是虚度的，第三种人生则是混乱的，唯有第二种人生，才能给人赏心悦目之感。这一切都归结于第二种人对自己的人生进行了认真的勾勒，也对其进行了细致入微的着色，所以才能令其看起来那么绚烂。

也许有很多普通而又平凡的人会觉得失落，感觉自己的起点低了很多。然而，这并没有大碍，因为生命最终的归途取决于我们在一生之中的努力，而并非完全取决于父母或者是命运给予我们的馈赠。生命中真正的强者可以接受自己的一无所有，且从来不会自暴自弃，因为他们深深知道，只要心中怀有希望，只要目标坚定勇往直前，就一定能够战胜命运的薄待，让自己拥有厚重充实的人生。

从某种意义上来说，一无所有也是一种生命的馈赠。相比起那些拥有很多的人，正因为一无所有，我们才能杜绝一切奢望，坚定不移地相信，只有依靠自己才能彻底改变命运。也正因为一无所有，让我们在奋力拼搏的时候更加决绝勇敢，从来不会害怕失去，凭借破釜沉舟的心态使命运出现转机。就像项羽在巨鹿之战中破釜沉舟一样，正是因为他让全体将士都相信自己再也没有退路，所以才能在九次激战之后打败秦军，这种一无所有成就了义无反顾的勇气，也造就了只能胜不能败的决心。

从这个意义上来说，人可以一无所有，但不能一无是处。一个一无是处的人总是看不到自身的优点，更不要说扬长避短、取长补短。他们一味地把希望寄托在他人身上，导致自己颓废沮丧，甚至失去了奋斗的信心和勇气，连尝试也变得遥不可及。对于这种处于停滞状态的人生，一无是处是罪魁祸首。其实，对于任何人而言，只要心中有动力，就能让人生像拥有了永动机，始终马力十足。

在山上的一座寺庙里，生活着一个老和尚和他的三个小徒弟。随着时光的流逝，老和尚自觉时日无多，因而想从三个小徒弟中挑选出一个佼佼者，继承他的衣钵，负责处理寺庙里的日常事务。为此，有一天，老和尚拿出三把斧头给三个徒弟，让他们上山砍柴。除此之外，老和尚还给了大徒弟一根拐杖，给了二徒弟一把伞，唯独没给小徒弟任何东西。

中午时分，原本风和日丽的天气突变，下起了大雨，所以，三个徒弟直到傍晚时分才回到寺庙里。他们分别背回两大捆柴火，但是有拐杖的大徒弟摔得鼻青脸肿，有伞的二徒弟浑身湿透，反而是什么都没有的小徒弟既没有摔倒，也没有遭到雨淋。他们看着彼此，都有些不知所以，这时，老和尚让他们都说说各自的感受。

大徒弟说："我有拐杖，所以走路的时候就底气十足，哪怕是泥泞的地方也大胆地朝前走。因而，我不小心摔倒了好几次。但是因为没有伞，下雨的时候我躲进山洞避雨了。"二徒弟说："因为有伞，我根本不怕下雨，因而下雨时也继续赶路，不想半路上雨越下越大，但是我一时之间又找不到避雨的地方，也因为有风而无法撑伞，所以才会淋得浑身湿透。不过，我知道没有拐杖容易摔倒，所以走路时小心翼翼，从未摔倒。"小徒弟说："我既没有拐杖也没有雨伞，因而下雨的时候我就避雨，遇到艰难的路就绕道而行。"话说到此，三个徒弟恍然大悟。老和尚这才说："有的时候，一无所有反而是一种财富，它可以让我们更加用心地对待一切，也更努力地奋斗和拼搏。"

人生中，有很多人之所以出现失误，就是因为他们拥有得太多，因而毫不在乎。相反，对于一无所有的人而言，因为没有什么可以仰仗，所以他们必须全力以赴地付出，并更加努力地拼搏。最终，他们反而能够后来者居上。这其中的道理和龟兔赛跑有些相似，兔子正因为觉得自己跑得快，哪怕睡一觉也能遥遥领先，所以才轻视了慢吞吞的乌龟。殊不知乌龟很有自知之明，知道自己跑不快，因而始终不遗余力地往前爬，最终反而转败为胜，让结局出人预料。所谓笨鸟先飞，也正是这个道理。

朋友们，一无所有并不可怕，可怕的是一无是处。让我们调整心态，将一无是处转变成优势十足。只要能做到这一点，你一定能够无所顾忌地勇往直前，从而给人生开拓更宽广的天地，也给人生带来更多的改变和飞越。

与其抱怨命运，不如奋起反抗

生活中，有很多人都在喋喋不休地抱怨命运不公，没有赐予他们一帆风顺的人生。殊不知，任何人在命运的旅程中都会遭遇坎坷和挫折，尤其是当每个人选择的人生道路不同时，所遇到的困难也是截然不同的。由此可见，与其抱怨命运，倒不如自己对自己的选择负责，无怨无悔地面对人生的一切，积极地改变命运，创造属于自己的人生。

对于任何人而言，要想获得进步，最重要的是自省。古人云一日三省吾身，由此可见自省对于个人进步而言有着极大的促进作用。与自省相比，抱怨只会浪费时间，根本没有实质性的好处。因而，我们应该时时自省，这样才能帮助自己不断取得进步，提升自己，展现出更强的实力。记住，命运只会向强者低头，不会向弱者妥协。我们只有让自己变成真正的强者，才能彻底降服命运，勇敢面对和迎接命运的一切馈赠。

很多人都知道跨栏定理。一位大名鼎鼎的外科医生曾说，一个人面对眼前的横栏，横栏的高度越高，他所能跳跃的高度也会随之增高。这个定理告诉我们，一个人要想取得更高的成就，也就必然要面对更高的挑战。

由此可见，人的潜能是巨大的，面对厄运或者是人生的不如意，与其抱怨，不如积极主动地改变自己，提升自己，这样才能彻底解决问题。鲁迅先生曾说，真正的勇士敢于直面惨淡的人生和淋漓的鲜血。我们要说，真正的人生强者敢于面对命运的挑衅，并且从不抱怨，只会积极面对，勇敢反抗。

作为世界巨富，福勒在成为大富豪之前，小时候一直过着贫苦的生活。他从五岁开始，就下地劳动，帮爸爸妈妈减轻负担。九岁的时候，福勒就开始帮助他人赶骡子，以此维持生计。如此清贫的生活，让福勒根本没有更多的想法，贫穷总是与他们如影随形。幸好，福勒有位伟大的妈妈，她很快就发现福勒与兄弟姐妹不同，因而她也就给予了福勒更多的关注。妈妈常常与福勒谈心，帮助他树立梦想。她总是告诉福勒："福勒，命运并不能决定我们的贫穷，咱家之所以一直在贫困线上挣扎，并非因为命运，而是因为你爸爸从未想过要发家致富，你的那些兄弟姐妹也从未有过这样的想法……记住，只要你想富裕，你是可以富裕起来的，你一定能够做到！"

贫穷是因为从未有过致富的观念，这样的想法让福勒坚定不移地想要致富，正因为如此，他日后才能坚定不移地从事推销事业，甚至推销肥皂长达十二年之久。可以说，福勒之所以能够改变自己的命运，扭转整个家庭贫困的局面，与妈妈帮助他树立正确的财富观念是密不可分的。

贫穷，并不是命运的安排，而是因为从未有过致富的想法。这句话不但改变了福勒的一生，也使无数挣扎在贫困线上的人们看到了希望的曙光。也曾有位哲人说，一切伟大的成就都始于一个简单的想法。的确如此，福勒的经历就验证了这件事情。任何情况下，我们都要努力追求自己的梦想，只要是我们的心能够到达的地方，就能成为我们人生的目的地和终点站。

朋友们，你们可曾有过强烈想要实现的愿望呢？当愿望确立，你们又可曾为其不遗余力地奋斗呢？心之所向，命之所望，我们必须要确立人生的远大目标，才能全力以赴地奋斗和努力，彻底改变命运。倘若连想都不敢想，还谈何去做，去实现呢！由此可见，改变命运，主宰命运，必须从改变我们的心开始！

重新站在起跑线，依然可以赢

很多喜欢打牌的人都知道，不管这局牌的运气多么好，有多少王牌，都不意味着在重新洗牌的下一局我们依然拥有好运气。反过来也是如此，不管这局牌的运气多么差，也都不意味着我们在重新洗牌的下一局依然是厄运，依然抓不到好牌。在重新洗牌之后，一切都改变了，就像百米冲刺的选手在夺得冠军之后再次站在起跑线上，他和所有的选手一样都面临着未知的结局，也同样需要竭尽全力地奔跑，才有希望赢。

人生，也像是打牌，也像是起跑。在漫长的人生过程中，我们需要多次重新站在起跑线上，才能再次为自己赢得机会和成功。不过，我们的每一次起跑，都已经比前一次的起跑点高，这是因为不管前一次努力的结果是成功还是失败，我们都获得了宝贵的经验，提升了自己。只要坚持努力，我们总会进步一点点，和昨天相比，今天进步了一点点，和今天相比，明天也会进步一点点。尽管听起来无法让人感受到震撼人心，也没有感天动地，但是只要每天坚持进步一点点，最终会积少成多，赢得更大的进步。从这个角度来说，每一次洗牌都意味着更大的进步，也会使人们获得更多的机会和成功的可能性。因而我们不应该害怕洗牌，哪怕是一无所有，也能让我们有破釜沉舟的信心和勇气，坚定不移地朝前奔去。

作为美国篮球界的传奇教练，伍登的执教之道就是每天进步一点点。他把每一天都当成新的起点，只要在这个起点上有所进步，相比较前一天就有了进步，如此积跬步以至千里，让学员们循序渐进地进步，最终使得伍登的教学成果显著，也帮助他与学员一起实现了完美蜕变。

为了聘请伍登，加州大学洛杉矶分校付出了120万美元的高额年薪。他们寄希望于伍登，希望他能够提升学校球队的表现，从而赢得好成绩。然而，伍登进入球队之后却没有什么独特的训练方法，更没有表现出多么与众不同之处，他只是淡定地对十二名学员说："我会沿袭上一任教练的方法进行训练，但是我比他多了一个要求，就是你们每天都要进步一点点。这一点点进步的幅度由你们自己决定，只是必须有进步，诸如在投篮、传球、抢篮板等方面，只要进步一点点就够了。"听完伍登的话，学员们悬着的心全都放下来了，原本他们以为伍登会展开魔鬼式训练，却没想到伍登的要求这么容易达到，只要进步一点点啊！得知伍登的训练方法如此平淡无奇，学校里的负责人不由得心中忐忑。但是，当伍登在新赛季的比赛中居然以八十八场连胜的成绩打败了其他球队时，负责人不由得对伍登刮目相看。更有很多记者闻讯赶来，采访伍登："伍登教练，你被大家赞誉为美国历史上最敬业也最称职的篮球教练之一，请问你有什么秘诀吗？"伍登笑着说："其实很简单，我每天晚上入睡之前都会告诉自己明天一定会有进步，我的队员们也是这么做的。"记者非常惊讶："真的就如此简单吗？"伍登毫不迟疑地说："你也许觉得很简单，但是我坚持了二十年。坚持把简单的事情做到极致，成功也就不期而至。"

在这个事例中，传奇教练伍登正是以看似简单的方法，帮助学员们取得了巨大的进步。每天进步一点点，每一天都是明天的起点，如此连贯起来之后，一切点滴的进步都在一个人身上得以累积，长年累月，进步自然显而易见。

朋友们，没有任何成功是一蹴而就的，不管是对于生活还是对于工作，都是如此。要想取得进步，我们就要摆正心态，坚持每天进步一点点，只要坚持下去，就能积少成多，让我们产生质的飞越。这就像是99度的水和100度的水之间存在质的区别一样，哪怕只缺少一点点努力，都会功亏一篑。因此，我们必须坚持不懈，在追求成功的路上始终保持顽强的毅力，如此才能创造更加辉煌圆满的人生。即使遭遇失败，我们也应该锲而不舍地为自己寻找新的起点，继续在成功之路上不断进取！

眼界决定了我们人生的开阔

有太多平庸的人抱怨命运，抱怨人生，抱怨自己不曾取得辉煌，殊不知，并非命运不眷顾和青睐于你，而是因为你从未找到人生的方向并为此付出努力。对于一个止步不前的人，即便命运想要给予他更多的成全和圆满，也找不到机会。因此我们说，实现梦想并非是最艰难的，在实现梦想之前先找到自己的梦想，并且为之付出坚持不懈的努力，这才是最难的，也是每个人通往成功的第一步。

很多朋友都曾看过井底之蛙的故事，那只青蛙一直在井底生活，它认为井底的方寸之地就是全世界，因而对井底的环境感到非常满意，也认为自己所能看到的井口的那片天就是整个天空。后来，我们就经常以井底之蛙来形容一个人浅见拙识。其实，人是很容易短视的，尤其是对于自己从未经历过和见识过的事情，人们总是先入为主，根本想不到其中别有洞天。可以说，眼界决定了人生的开阔程度，一个眼界短浅的人，恰如井底之蛙，根本想不到更长远的地方。为此，我们每个人都应该努力开阔自己的眼界，唯有如此，才能变得更加有见识，在确立人生梦想时才能站得高，看得远，作出合理的规划。

对于不想当将军的士兵，拿破仑说他们不是好士兵，主要是因为这些士兵只盯着眼前的方寸，而无法以将军的胸怀和魄力把士兵的工作做到最好。作为普通人，我们也要有远见卓识，如此才能更好地规划自己的人生，不至于鼠目寸光，让人生局限于方寸之间。

很久以前，有两个泥瓦匠经常在一起工作。泥瓦匠亨利每天工作的时候都开开心心的，有的时候嘴巴里还哼着歌儿，似乎他不是在从事繁重卑微的体力劳动，而是在做世界上最体面的工作。泥瓦匠约翰却愁眉苦脸，他总是不停地抱怨，不想一辈子都这样当一名泥瓦匠，而他偏偏又深信自己这一生再无回旋的余地，只能是个可怜的泥瓦匠。

有一天，约翰看到亨利一边工作一边像个舞蹈家一样走来走去，不由得纳闷地问："亨利，工作这么辛苦，你怎么还能这么快乐呢？难道你真的发自内心地喜欢泥瓦匠的工作吗？"亨利马上哈哈大笑起来，说："不，我肯定不会一辈子都当泥瓦匠的。只要想到我的梦想，我就非常开心，因为我觉得，随着每一天的工作，我距离梦想越来越近了！"约翰更加疑惑不解："你是一名泥瓦匠，居然也有梦想？我小时候还梦想着成为大富豪呢，结果现在还不是得老老实实当一名泥瓦匠吗！"亨利想了想，说："我们现在在干什么？"约翰皱着眉头说："当然是在砌墙，反正和梦想无关。"亨利却毫不迟疑地说："错了，咱们在建造美丽的剧院，未来会有很多热爱音乐的人在这里欣赏音乐，也会有伟大的艺术家在这里表演艺术！"约翰不由得对亨利地回答嗤之以鼻，说："哼，你简直是在白日做梦。"

就这样，亨利和约翰继续在一起工作，亨利依然满怀喜悦地工作，约翰依然整日愁眉苦脸。十几年的时间过去了，约翰还是在满腹牢骚地砌墙，亨利却已经成为大名鼎鼎的建筑师，设计出很多著名的建筑，也得到了无数的鲜花和掌声。

亨利在砌墙的时候，始终牢记自己的梦想，并且坚信自己所做的一切都使他距离梦想更进一步，因而他满怀喜悦地工作。与亨利恰恰相反，约翰在面对砌墙的工作时，丝毫没有想到自己的梦想，甚至已经彻底放弃了梦想。尽管他抱怨砌墙的工作，却觉得自己只能一辈子当个砌墙的泥瓦匠，因而满心绝望。在这两种不同的心态之下，亨利和约翰的人生也截然不同了。

朋友们，假如你们也想拥有辉煌的未来，千万不要从现在开始就否定自己，让自己的心陷入绝望的深渊。我们必须努力站得更高，看得更远，才能开阔自己的眼界，树立自己的梦想，从而让人生在梦想的指引下勇往直前。为何有的时候不同的人从相同的起点出发，最终的人生却截然不同呢？这就是眼界的力量。

有重头再来的勇气就什么也不怕

面对人生的坎坷和挫折，真正的强者勇往直前，坦然面对，弱者却因此而止步不前，甚至对人生完全失去希望，再也不敢努力尝试。最终，强者在苦难的磨砺之下变得越来越强大，弱者却因为胆小怯懦失去拼搏的勇气，最终沉沦绝望，彻底错失了人生中的各种机遇与机会。

细心的人会发现，大凡成功人士，无论是在哪个领域取得了成功，都是因为他们具有重头再来的勇气。爱迪生为整个世界带来光明，然而他仅仅为了寻找最为合适的材料当灯丝，就尝试了一千多种材料，而且进行了六七千次试验。可想而知，在最终寻找到理想材料之前，他经受了多少次失败的打击。然而，正是因为他每次遭遇失败之后都能鼓起勇气重头再来，所以他才能无所畏惧，最终为全世界带来光明。也正因为有如此锲而不舍的精神，他才能成为伟大的发明家，为人类创造了许多有益的发明。实际上，人们在失败之后对于一切重头开始是有恐惧心理的。他们最害怕的就是再次遭受失败，与成功擦肩而过。只要能够战胜心底里的恐惧，我们就能拥有重头再来的勇气，也就能够战胜人生的一切磨难，成为真正的强者。

在这个世界上，很多人都曾听闻林肯的名字。对于这位美国历史上一位政绩显赫的总统，美国人民常常缅怀他，然而很多人都不知道，林肯在成为总统之前曾经遭遇了很多坎坷和挫折，但每一次都能勇敢地站起来，重头再来。由此，他最终成为享誉世界的美国总统，成就自己辉煌的一生。

1832年，林肯失业。这显然使他很伤心，但是他并不绝望，而且他决定借此机会从政。然而，从政的道路并不像他想象中那么一帆风顺，在州议员的竞选中，他失败了。一年之中，他接连遭受失业和竞选州议员失败两次打击，这对他来说无疑是痛苦的。无奈之下，林肯只好从商。然而，他似乎并不适合经商。一年不到，他的公司不但宣布倒闭，而且负债累累，在此后十七年间，他不得不为偿还企业倒闭时所欠的债务而到处奔波，历经磨难。随后，林肯更加坚定不移地要从政。这次，命运似乎不忍心继续打击他，他竞选州议员成功了。1835年，他订婚了。但离结婚的日子还差几个月的时候，他深爱着的未婚妻不幸去世，这使他一蹶不振，也因此绝望、彻底病倒，还患上了严重的神经衰弱。林肯不得不卧床，很久才恢复健康。

1838年，身体情况好转的林肯参加州议会会长的竞选，再次落选。然而，林肯已经经历了这么多次失败，都能重头再来，这次也不例外。他相信，即使命运再怎么残酷，也无法真正击倒他。在此之后，他接连参加竞选都失败了。1846年，他又一次参加国会议员竞选，最后终于当选了。命运不停地和林肯开玩笑，在他全力以赴的十一次竞选中，只有两次成功，其他都是不停地失败失败再失败。终于在1860年，坚持不懈的林肯迎来了人生之中的第三次成功，他成功当选美国总统，从此入主白宫。

假如林肯在挫折和失败面前一蹶不振，再也没有重头再来的勇气，那么也就不会有后来这么多次的屡败屡战，更没有可能成为美国总统。林肯身上那种顽强坚韧的精神，值得我们每个人学习。尤其是在面对接踵而至的挫折和打击时，他更是跌倒了爬起来，不断跌倒就不断爬起来，最终成为傲然于世的人生强者。倘若我们也如林肯一样始终处于人生的低谷，是否能有林肯的勇气不断地重头再来呢？

命运对于每个人都是公平的，磨难也许只是为了让我们磨炼心性，担当大任。正如古人所说，天将降大任于斯人也，必先苦其心志，劳其筋骨，饿其体肤，空乏其身，行拂乱其所为，所以动心忍性，增益其所不能。遗憾的是，很多人在刚刚遭受磨难时就已经缴械投降，放弃了努力，根本等不到天降大任。朋友们，要想出人头地，我们就要变得更加坚韧，从而帮助自己跨过磨难，使内心足够强大，这样才能走出属于我们自己的人生之路。

准确定位自己，才能拥有人生

生活中，有些人妄自菲薄，不管什么时候什么情况下，都对自己毫无信心，觉得自己只能接受命运的安排，甚至没有勇气面对命运；有些人则恰恰相反，总是妄自尊大，觉得自己是无所不能的人，无论面对任何事情都能扫平天下，圆满解决。毫无疑问，这两种人代表了两种截然相反的极端，都对自己缺乏准确的定位。一个人过于看轻自己或者过于看重自己，最终都会导致对自己的人生更加迷茫，也会致使人生不能拥有尽量圆满的结局。

和妄自尊大者相比，缺乏自信显然危害更大。毋庸置疑，成功者都拥有非凡的自信，也可以说自信是成功必不可少的因素之一。虽然拥有自信的人未必都能获得成功，但是大凡成功之人都拥有自信，由此也可以看出自信对于成功至关重要的意义。人生路漫漫，可能会遭遇各种极端的情况，自信恰如照亮人生之路的阳光，不管在什么情况下都能给予人们更多的勇气和力量。倘若一个人对自己都没有信心，又如何能够满怀希望地迎接未来呢！

小娜是个非常自卑的女孩，尽管已经升入初中，但她还是很自卑，常常觉得自己处处不如人。为此，爸爸妈妈都很着急，因为小娜的自卑已经影响到了她的学习和生活。有一次，老师推荐小娜代表学校参加作文比赛，小娜却接连推辞：“老师，我不行，我不行，万一给学校脸上抹黑就不好了。”后来爸爸妈妈也在老师的动员下给小娜做工作，小娜还是不断推辞，最终失去了这个千载难逢的好机会。为了帮助小娜战胜自卑，找回自信，妈妈想到了一个好办法。

一个周末，妈妈到批发市场批发了几件衣服，准备带小娜一起去卖衣服。她们先是来到了地铁口的天桥旁摆地摊，天桥上人流量大，很快就有人以十五元的价格买走了一件T恤。买完这件T恤后，妈妈没有停留，马上又带着小娜来到了服装市场。恰逢周末，服装市场人也很多，很快，妈妈又以五十元的价格卖出了一件相同的T恤。最后，妈妈带着小娜来到了小姨开的高档服装店，把T恤挂在富丽堂皇的店里，居然以一百九十九元的价格卖出去一件。小娜疑惑不解地看着妈妈，不知道妈妈的葫芦里卖的什么药。这时，妈妈才语重心长地说："小娜，你看看，同样一件T恤，因为摆放的地点不同，所以身价也截然不同。人也是如此，假如我们不能很好地定位自己，把自己看成是地摊的货，那么我们就只能值地摊的价。假如我们觉得自己是服装市场里的商品，那么我们就值服装市场里的行价。倘若我们满怀信心地大胆定位自己，把自己定位成高档服装，走进这样装饰豪华的店里，你看到了，一件T恤可以轻而易举地卖到一百九十九元，而且买的人还像捡到了宝贝一样。你呢，你觉得自己的价值在哪里？"听了妈妈的话，小娜陷入了沉思。过了很久，她对妈妈说："妈妈，我明白您的意思了。您放心，我以后一定会更加自信，让自己成为有价值的人。"

妈妈生动的教育让小娜顿时领悟了其中的道理，一个缺乏自信、非常自卑的人，无异于自己降低身价，自己原本是非常昂贵的宝玉，最终却变成了无人问津的小石子。如此一来，人生岂不是太亏了？原本广阔的天地也因为自卑的心理受到禁锢，以致失去很多千载难逢的好机会。

每个人都应该相信自己，给自己准确的定位，从而为自己找到前进的方向。一颗自卑的心是无法发现自己的特长和优点的，唯有充满自信，我们才能找到自己的核心竞争力，努力发挥自身的长处，让自己变得璀璨夺目起来。虽然人们常说是金子总会发光，但是人生苦短，被埋没的滋味并不好受。是金子，我们就要让自己展示在高雅之处，而不要被埋没在土里，等着他人来发掘。时间就是生命，我们更早地展现自身的价值，取得长足的发展，也就相当于延长和拓宽了生命，使人生更加绚烂。

第 07 章

改变自己的态度，才能改变人生的高度

很多人认为人生是由命运决定的，一旦面对不如意和坎坷挫折，他们就会不停地抱怨，甚至连自己没有得到更好的发展，也将其归结于命运。殊不知，命运只是契机，人生最终如何是由我们自己决定的。我们唯有改变自己的态度，相信自己，才能彻底改变命运，成为命运的主宰，拥有精彩的人生。

自信，会让全世界对你刮目相看

一个人即使再怎么努力，也不可能让所有人都对他满意。例如，他心地善良，待人宽容，处处忍让，却有人说他怯懦；他性格豪放，不拘小节，却有人说他粗鲁；他温文尔雅，说话温言细语，却有人说他娘娘腔；他对未来有着无限憧憬，工作上尽心尽力，却有人说他心机深重……在这种情况下，是改变自己，顺应他人的喜好做人做事，还是坚持自己呢？答案当然是后者。即使你改变了，也无法博得所有人的满意，与其失去自我，不如坚定不移地做好自己，因为这才是最真实的我们。

一个人总会遭到否定，无论是在生活还是工作中，所谓众口难调，说的就是这个道理。在这种情况下，我们唯有自信，才能坦然面对他人的否定，保持自己的本来面目。一个人云亦云、总是处处趋从于别人、讨好别人的人，很难获得成功，因为他既没有主见，也没有获得成功的必备素质——自信。若一个人即使被全世界否定也坚定不移地做着自己该做的事情、认为对的事情，那么，即便他不能获得成功，也会拥有属于自己的精彩人生。

在19世纪末的一天，伦敦的一家剧场内正在进行一场演出。然而，舞台上的演员刚刚唱了几句，就唱不出来了，舞台上下一片混乱，剧院老板一看势头不好，只好找人救场。谁知找了一圈也找不到合适的人，这时，一个五岁的小男孩毛遂自荐，尽管老板心中忐忑，但是一时之间也没有其他好办法，只好硬着头皮让小男孩上了。小男孩在舞台上随心所欲地表演，又是唱歌又是跳舞，把台下的观众们逗得哈哈大笑。

又过了几年，法国大名鼎鼎的丑角明星马塞林来到伦敦，在一家儿童剧场里演出。当时，马塞林的节目需要一个演员演一只猫，由于马塞林的名气太大，很多有实力的演员都不敢接受这个挑战，还是那个小男孩又自告奋勇的站了起来。尽管很多人都为小男孩的草率担忧，但是小男孩与马塞林配合得非常默契。后来，这个小男孩成为了举世闻名的喜剧大师。他，就是卓别林。

作为世界著名的交响乐指挥家，小泽征尔对自己充满自信。一次，他凭借实力过五关斩六将，在世界指挥家大赛中进入了决赛。在根据评委提供的乐谱指挥演奏时，他突然发现乐曲中有个音符很不和谐。刚开始时，他以为是乐队演奏出错了，就指挥乐队停下来重奏。然而第二次演奏时，仍觉得不自然，这次他认定是乐谱出错了。为此，他当即向评委们提出这个问题，然而评委们的委员们和很多音乐界的权威专家一致表示乐谱没有错。经过慎重的思考，小泽征尔依然毫不退缩，坚持自己的观点："就是乐谱错了。"他的话音刚落，在场的评委和专家们全站起身来，给予了他赞许的微笑和雷鸣般的掌声。原来，这个音符的错误是评委们精心设计的巧妙"圈套"，目的就是检验指挥家在发现乐谱错误并遭到权威人士"否定"的情况下，是否能够不畏权势，坚持自己的正确观点。正因为这次的自信和坚持己见，小泽征尔最终赢得了大赛的冠军。

很多时候，我们只是缺乏毛遂自荐的勇气和信心。假如卓别林没有勇敢地尝试和表现自己，也许就无法成为举世闻名的喜剧大师，更不可能给全世界的人民带来无数的欢声笑语。在第二个事例中，面对评委组的诸多评委和音乐领域的权威专家，如果小泽征尔没有足够的自信，根本不可能通过如此严峻的考验。毕竟，那些都是权威人士，是非常有名望的音乐领域的泰斗。即便在这种情况下，小泽征尔依然能够坚持自己的主张，因而令人刮目相看，他获得大赛冠军也是实至名归。

每个人都想展示自己独特的才华，让自己得到他人的认可和肯定。借助合适的舞台展示自己，我们才能获得更加广阔的人生天地。然而，自卑的人往往由于纠结，很难抓住千载难逢的机会，我们唯有变得更加自信，才能毛遂自荐，坚持自己的正确主张和观点。很多正确的事情都是很难被理解的，在这种情况下，唯有自信才能帮助我们不断坚持下去，找到人生的正确之路。

勤奋，是通往成功的必经之路

任何人要想获得成功，都离不开勤奋。即使天赋再高，如果没有勤奋努力作支撑，也很难做出一番成绩来。可以说，勤奋是通往成功的必经之路，正所谓人们常说的一句话，书山有路勤为径，学海无涯苦作舟。不管是对于学习，还是生活和工作，离开勤奋二字就很难有所成就。

对于懒惰的人而言，即使梦想再怎么远大，如果不能以勤奋的态度去落实，没有坚持不懈的付出和坚定的毅力，就无法获得成就。对于人生而言，懒惰就像是一座坟墓，让人永远窒息和无望。通常情况下，懒惰的人会常常给自己找借口，一旦遭遇任何风吹草动，就马上觉得心惊胆战。生活中有很多关于勤奋的俗语，诸如笨鸟先飞，早起的鸟儿有虫吃等。这些都在告诫我们只有勤奋才能赢得生活的馈赠。朋友们，从现在开始，让我们摆脱懒惰，变得积极勤奋起来吧！

晋朝的孙康从小就很聪明，而且非常勤奋好学。但是家中贫困，父母根本没有多余的钱供孙康读书。因此，孙康不得不白天下地干活，帮助父母分担家用，晚上才有闲暇时间读书。然而，每天晚上点灯的油是一项巨大的开销，要是买了灯油，全家人就要饿肚子，所以他从来不提此事。也因此，当天彻底黑下来时，孙康还是无法读书。尤其是在冬季，天早早地就黑了，孙康在床上辗转反侧，根本无法入睡，因为他很心疼这白白流逝的时间。无奈之下，孙康只好利用白天的时间争分夺秒地读书，等到夜晚到来的时候默默诵读。

有一年冬天特别冷，几乎每隔几天就会降下大雪。一天夜里，孙康正盖着薄被蜷缩在床上轻声背诵，突然发现靠近窗口的地方非常明亮，孙康赶紧披上衣服走到窗口，发现原来外面存了厚厚的积雪，把窗口都映亮堂了。孙康欣喜若狂，赶紧拿起书跑到门外，借着微弱的雪光开始读书。他读了一会儿，不知不觉间手脚冻得冰凉，就站起身在雪地里跑一跑，再用地上的积雪搓一搓手，等到稍微暖和些了，就继续借着雪光读书。整整一个冬天，孙康每逢下雪的日子就读书，他沉浸在知识的海洋里，丝毫感受不到寒冷，也不知疲倦。即使在寒冬腊月，滴水成冰，他也从未停止学习。正是因为孙康求知若渴，所以他才能最终学有所成，成为晋朝时期著名的学者，彻底改变了自己的命运。

如果不是因为勤奋，孙康根本不可能改变自己的命运，更不可能成为大学者。从借助雪光读书这件事上，我们可以看出孙康是多么勤奋刻苦的学子。尤其是在艰难的岁月里，孙康更是从未放弃学习。生活在现代社会衣食无忧的我们，学习和工作的条件都非常好，更应该加倍努力，争取改变自己的命运。

在成功的道路上，懒惰的人总是被勤奋的人远远甩在身后，不但无法抢占先机，还会因为落后错失很多机会。所谓天道酬勤，命运只会眷顾那些勤奋的人，帮助他们实现人生的转折。朋友们，从现在开始全力以赴，让勤奋成为一种习惯吧！只要我们一刻不停歇地积极进取，终有一天成功一定会属于我们！

严谨自律，才能成就一切

生活中很多人都在抱怨，觉得命运赐予自己的太少，给予他人的却很多。在这样喋喋不休的抱怨之中，他们原本平静的心情也不复存在，以致失去了内心的坦然，变得更加焦灼不安。其实，每个人都想得到很多，尤其是在这个物欲横流的社会，我们的内心变得更加空虚，似乎需要更多的物质才能填满。事实上，欲望的沟壑是永无止境的，任何时候，一旦放任欲望膨胀，那么我们就会陷入欲望的深渊中无法自拔。要想让自己的心感到满足，一味地追求欲望根本不可行，最重要的是要学会严格自律，唯有成为欲望的主宰，成为命运的主人，我们才能驾驭人生之舟在欲望的海洋上航行，到达人生幸福的彼岸。

一个人必须自律，才能有所成就，当然，控制欲望只是其中至关重要的一点，除此之外，我们还要修炼和提升自己的品行心智，这样才能不断自我反省，自我完善，自我成就。试想，倘若一个人连自己都无法把握，又如何能够恰到好处地把握命运，实现人生的圆满呢！曾经有位心理学家针对年幼的孩子进行过一项实验，即把糖果分给孩子们，然后嘱咐他们可以立刻吃，也可以等到工作人员回来再吃。作为奖励，等到工作人员回来再吃糖果的孩子，将会再得到一枚糖果，这样他们就会拥有两枚糖果。最终的跟踪调查显示，那些能够得到两枚糖果的孩子长大之后都能严格自律，在生活和工作上颇有收获。与他们恰恰相反，那些迫不及待地吃掉唯一一枚糖果的孩子则失业率很高，而且少有成就。由此可见，自律是成功的奠基石，我们必须严格自律，才能成就自己。

1881年9月25日，鲁迅出生于浙江绍兴。到他这一代，家道已经中落，鲁迅却自幼聪明勤奋，努力上进。他在十二岁时进入三味书屋，在那里攻读诗书近五年。如今，他当年在三味书屋学习的书桌还摆放在纪念馆里。

鲁迅十三岁那年，他的祖父入狱，他不得不随全家到亲戚家避难，又因父亲病重，导致家境每况愈下。为了给父亲买药，鲁迅经常需要拿着家里值钱的东西去当铺当掉，然后再奔赴药店买药。有一次，父亲的病情突然恶化，鲁迅一大早就在当铺和药店之间奔波，赶到学校的时候已经迟到了。老师为此责骂他：“小小年纪就如此贪睡，再有迟到的情况发生就不用来了。”鲁迅没有进行任何辩解，只是默默地点点头。次日，鲁迅早早来到学校，在硬木书桌的一角刻上了“早”字。从此之后，他再也没有迟到。因为父亲的病情越来越严重，鲁迅更频繁地到当铺去卖东西，然后到药店去买药，为此他每天天不亮就早早起床，把一切事情都处理好再急急忙忙地跑进学堂。他经常看着课桌上的“早”字，鼓舞和激励自己。

在父亲去世之后，鲁迅依然留在三味书屋读书。书屋里的寿镜吾老师和书桌上的那个“早”字，给鲁迅的一生留下了深刻的印记。后来，鲁迅不管是在江南水师学堂读书，还是公费去日本留学，又或者是弃医从文，都始终严格自律，最终成为一个文坛上的巨人，著作等身，而且他的很多作品被翻译成各种文字，在世界各地广泛传播。

鲁迅先生的一生是战斗的一生，他从未因为人的本性而有过任何懒惰，在一生之中更未曾有过丝毫懈怠。他始终斗志昂扬，成为了一名拿着笔的战士。正因为如此，他才能成为文化的标兵，在恶劣的环境中始终保持激扬的斗志，让自己不辱历史的使命。

现代社会中，人们面临的诱惑越来越多，在这种情况下，很多人都迷失了本性，随波逐流。越是在这种四面楚歌面临诱惑的情况下，我们越是应该努力增强自己的意志力，让自己真正严格地做到自律。唯有如此，我们才能成为自己命运的主宰，成为人生的掌舵手。从本质上来说，每个人的人生都是不可复制的，我们唯有坚定不移地做好自己，管好自己，才能拥有精彩的、与众不同的人生。

决不懈怠，才能成就人生

现代社会，还有哪个行业的独木桥上没有挤满竞争者吗？可以说，每个行业都充斥着竞争者，人们彼此之间互不相让，都想在独木桥上一夫当关，万夫莫开。为什么现代社会竞争如此激烈呢？究其原因，如今的大学毕业生越来越多，渴望走出家门进入社会广阔天地的人也越来越多。其实，大多数竞争者之间的客观条件并没有太大的差异，也许都是大学毕业生，也许毕业的院校都差不多，也许都富有野心想要成就未来，那么如何才能在这相差无几的竞争优劣中展现自己呢？归根结底，细节是决定成败的关键。

所谓细节，也许就是那些我们漫不经心的环节，看起来非常简单，也没有太高的技术含量，甚至只需要用心一些就能做好，但偏偏就是这些，拉开了竞争者之间的差距。对于一件事情，显而易见的地方每个人都会做得无懈可击，真正展现人们真实水平的，就是那些不甚引人注目的细节。无数的经验和教训告诉我们，也许百分之百的失败并非由于犯了百分之百的错误，而只是因为百分之一的疏忽。所以，面对如此激烈的竞争，职场人士要想获得成功，就要在他人不关注的细节之处下功夫。一个细节能够让你走向成功，一个细节也会让你全盘皆输，唯有端正心态严肃对待，我们才能毫不懈怠，时时处处注重细节，从而成就圆满人生。

王永庆很小的时候就表现出勤奋好学的特质。后来，因为家境贫困，无力供养他读书，他不得不辍学做生意。为了维持生计，王永庆十六岁的时候从老家来到嘉义开了一家米店，当时嘉义那个小地方已经有了三十多家米店，同行之间竞争非常激烈。由于王永庆没有大量的流动资金，所以他的米店位置非常便宜，规模很小，因而毫无竞争优势。看到每天的生意都冷冷清清的，王永庆不由得着急起来。他渐渐意识到：要想让米店有立足之地，就必须在服务上下功夫。当时，大米还不像现在这么干净，总是掺杂着很多砂石，人们在做饭之前，都要淘好几次米，很不方便。但大家都已见怪不怪，习以为常。王永庆却从这司空见惯中找到了切入点，居然带着家人认真筛除了夹杂在米里的砂石，让主妇们不需要再进行烦琐的流程，就能为家人做出香喷喷而又毫不牙碜的米饭。

很快，王永庆的大米没有砂石的消息就四处流传开来，很多家庭主妇都特意来到他的米店购买大米。就这样，王永庆米店的生意越来越好，他成功地为自己赚取了人生的第一桶金。也正是因为这段时间的收入，让他米店的生意取得了更好的发展和扩张。

我们都生于一个以细节制胜的时代。任何行业任何人，要想获得长远的发展，都必须关注细节。如海尔的服务为海尔带来良好的口碑，这也是以细节制胜的典范。老子曾说，天下大事，必作于细。这句话告诉我们，细节决定成败，只有把细节做到位，我们才能在人生之中赢得更多的好机遇。

一个粗枝大叶的人也许看起来豪放粗犷，但总是因为细节的不到位而不能尽如人意。在这种情况下，我们必须更好地注重细节，完善细节，让细节尽量完美，如此才能成就自己。正如一滴水也能折射出太阳的光辉一样，细节同样能够表现出我们与众不同的品质。朋友们，让我们改变心浮气躁的坏习惯吧，任何简单的事情，只有做到极致才能绽放异彩，为我们带来意外的收获和惊喜。每个人都想拥有完美的人生，殊不知，一切的完美都是由一个个细节的完美组成的。唯有把握点滴之处，才能更加趋于完美。否则，小小的懈怠也许能给你带来片刻的轻松，最终却会使你的人生距离完美渐行渐远。孰重孰轻，相信明智的朋友一定会作出正确的选择。

条条大路通罗马，成功也要找方法

在生活和工作中，很多人一旦遇到小小的挫折和失败，就立刻寻找各种原因，为自己的失败找到合理的借口。哪怕只是走路摔倒了，也要看看到底是哪块石子绊倒了自己，然后愤愤不平地将其扔得远远的，似乎这样就把自己的愤怒发泄出去了，心理上也会感觉平衡了很多。为什么我们总要推卸责任，难道走路摔倒了不是因为自己不够专心地看路吗？倘若我们终有一天改变了心态，不再时刻想着撇清自己，而是努力地进行自我反省，提升和完善自己，那么我们就能够找到迅速进步的方法。

事实上，一味地为失败找借口并不能使我们进步，反而会令我们因为对于自身的疏忽和懈怠而在麻木中倒退。从本质上来说，每次遭遇失败都找借口为自己开脱，实质上是一种自我麻痹。相反，只有努力反省自身，我们才能取得进步，才能找到获得成功的方法，实现自己的心愿。不为失败找借口，只为成功找方法，这才是成功之道。

所谓授人以鱼不如授人以渔，意思就是说，与其给他人鱼吃，不如教会他人捕鱼的方法，这样才能一劳永逸，让他人永远有鱼吃。因而，自古以来成功的人都很注重对方法的研究，也能够找到恰到好处的方法让自己获得成功。由此一来，他们的人生就会进入良性循环之中，变得更加顺遂如愿。由此可见，好的方法对于成功起着至关重要的作用，对于每个人的人生都会起到积极的促进作用。

齐国的大将田忌非常喜欢赛马。有一次，他与齐威王约定进行一次比赛，并且把自己的马进行归类，分为上中下三等。比赛的时候，田忌用相应等级的马和齐威王相同等级的马对决。然而，田忌每个等级的马都比齐威王的马略逊一筹，因而他每场比赛都以失败告终，上中下三个等级的马全都输了。田忌很沮丧，比赛还未结束，他就想认输，退出比赛。

正当田忌准备离开时，孙膑突然喊道："田将军，比赛还未结束，你要去哪里呀？"听了孙膑的话，平日里素来与孙膑交好的田忌不由得狠狠地瞪了孙膑一样，孙膑却笑着拍着田忌的肩膀，说："看来，你的马可比威王的马慢多了。"田忌愤愤地说："你也来嘲笑我！"孙膑笑了，一本正经地说："我怎么会嘲笑你啊！假如你能争取再与威王比赛一次，我保证你能赢。"田忌纳闷地看着孙膑："你有更好的马？"孙膑摇摇头，说："无须换马，反正我能让你赢。"田忌沮丧地说："不换马，怎么可能赢？"孙膑信心十足地说："你只要按照我的安排去做，一定能赢。"

此时此刻，齐威王赢得了比赛，正在兴头上呢！看到田忌和孙膑一起走过来，他得意扬扬地说："田将军，难道你不服吗？"田忌说："不服，咱们再比一次！"说完，田忌把一整袋钱都倒在齐威王面前的桌子上，齐威王当然不肯认输，因而也让属下把之前赢得的所有钱都拿来倒在桌子上，作为赌注。此外，齐威王必胜的信念强烈，居然还另外加了一千两黄金，不以为然地说："开始吧！"随着一声锣鼓响起，孙膑让田忌派出下等马迎战齐威王的上等马，结果惨败。齐威王不由得挖苦道：“孙膑先生足智多谋，此番定是失算了吧！”孙膑只是笑笑，并没有辩解，而是安排田忌派出上等马对齐威王的中等马，由此一来，田忌赢得轻轻松松。在第三局比赛中，田忌自然是以中等马对齐威王的下等马，再次赢得一局，最终以三局两胜赢得了比赛。面对这样的结果，齐威王不由得瞠目结舌。

同样的马，同样的人，只是因为改变了一种方法，调整了不同等级的马的出场次序，就令比赛结果截然不同。不得不说，成功很大程度上取决于方法，而好的方法则取决于正确的思考方式。由此可见，要想获得成功，就应该避免由于失败导致的退缩逃避，只有勇敢面对失败，总结经验和教训，才能找到卓有成效的好办法，帮助自己获得成功。

人生就像是一场没有归途的旅程，当我们回顾此前的经历时，必然既有成功的甘甜，也有失败的苦涩。很多人喜欢说尽人力知天命，实际上，我们唯有调整心态，积极地面对失败，把失败转化为成功的阶梯，才能找到成功的方法，为自己的成功加速。

快乐启程，抵达幸福未来

面对遥远的未来，面对理想中的人生，面对未可知的幸福，很多人都觉得太难以把握了。然而，未来并不是水中花镜中月，只要我们坚定自身的信念，坚定不移地即刻出发，梦想就不再遥远。怕的就是很多人一味地踌躇，害怕未知的前程道路漫长，更担心自己会遭遇无数的坎坷挫折和未知的伤害。在这种情况下，他们必然止步不前，因此也无法到达人生的彼岸。

在这个世界上，没有任何人能够不劳而获，也没有任何幸福是唾手可得的。获得的一切都必然要以付出为前提条件，那些能够到达人生幸福彼岸的人，都是积极乐观的人，总是能够快乐地程。

人生是由无数个今天组成的，要想使人生变得充实，我们就要努力让每一天都活得有新意、活得与众不同。如果我们把今天都用于徘徊、用于犹豫，那么人生该是何其彷徨啊！幸福的人生必须从现在开始，任何时候我们都要怀着一颗坚定不移的心，如此，人生才能拥有更多的快乐。

很久以前，有一对朋友结伴去远方。他们一路上相依相伴，无论多么艰难的情况都没有放弃，历经千辛万苦才来到了接近目的地的地方。然而，一条水流湍急的大河横亘在他们面前，只要渡过这条河，就能到达幸福的天堂了。那么，如何才能渡过这条河呢？两个朋友之间产生了分歧。一个人认为这条河太宽广了，水流也很湍急，无论如何努力都不可能顺利过河。另一个人则认为可以采伐树木，造一条简易的木船。但是，对于这个提议，前者坚决反对，他认为这就是送死。

后者最终决定与前者分开行动，他夜以继日地砍伐树木，造木船，并且利用闲暇时间学会了游泳，以便万一发生意外时能够自救。前者呢，只能寄希望于河水有一天干涸，因此他每天都在睡觉，然后看河水是否干涸。直到后者的大船已经造好了准备扬帆起航，前者还在闲适地晒着太阳，嘲笑朋友的愚蠢。后者并没有因为朋友的挖苦和讽刺而生气，而是在临行前告诉朋友："不可能每件事都能成功，但是如果不去做，肯定不会成功。"最终，后者驾驶着亲手制造的木船抵达了彼岸，而前者始终没有等到河水干涸的那一天。最终，他们在河的两岸定居，繁衍生息，过着截然不同的生活。

无论多么美好的设想，如果不能切实展开行动，当机立断地立即行动，都会成为苍白乏力的空想，最终导致人生止步不前，永远没有可能获得成功。相反，当机立断地开始行动也许会失败，但是通往幸福的彼岸唯有这一条路能够行得通。任何时候，都不要在距离幸福只有一步之遥的地方停留下来，无休无止地休息，唯有即刻启程，幸福才会向你招手。

第 08 章

每一粒沙，都有成为珍珠的机会

人生并不是百米冲刺，即便在某一时刻的爆发力非常强大，也并不代表着能够笑着跑到终点。因而，面对人生的起跑线，即便我们落后于他人，也无须因此而沮丧气馁。毕竟，我们需要的并非刚刚起跑时的遥遥领先，而是在整个行程中始终坚持不懈，运用各种有效的办法，以顽强的毅力，在抵达终点之前帮助自己超越他人，赢得人生。人们常说笑到最后的人才是笑得最好的人，对于漫长而又坎坷的人生而言，唯有如此，才足够精彩。

过去已经过去，未来还未到来

人生是一条弯曲的线，由无数个点连接而成。这无数个点就是人生每个阶段的喜怒哀乐、酸甜苦辣，我们唯有过好人生的每一天，才能最终拥有完满的人生。反之，倘若我们错过了其中的很多点，人生的连贯也就被打破。这就要求我们必须坦然面对人生，所谓人生百味，不管是人生的甜蜜还是苦涩，愁苦还是幸福，我们都要学会包容和接纳。

从这个意义上来说，人生的马拉松不是跑出来的，而是走出来的。很多人都在为逝去的人生感到愁苦，也有很多人为还未到来的人生感到担忧，殊不知过去的已经成为不可改变的历史，未来的人生充满着未知。在这种情况下，与其为了已经发生的事实和尚未发生的事情担忧，不如过好当下的每一天，因为人生就是要活在当下，人生就是要活好今天。

过去的失败并不能代表什么，人生就像奔腾不息的河流，或许此刻的水是浑浊的，但是它很快就会奔腾向前，水中的淤泥和杂质也同样会被带走。人生也是如此，一时的失败终究会成为过去，只要我们能够从失败中汲取经验和教训，下一个今天一定会有惊喜的收获。同样的道理，今天的辉煌也不能代表永远的辉煌。即便我们今日取得了令人骄傲的成就，它也同样会成为历史，不能成为供我们享用一生的资本。在又一个今天到来时，我们依然需要非常努力，才能不断超越自己，取得进步。

在这个广阔无边的森林里，前段时间，发生了一件轰动的事件。原来，乌龟和兔子赛跑，乌龟居然获得了第一名的好成绩，战胜了素来有着“飞毛腿”之称的兔子。从此之后，乌龟就开始骄傲起来，不管走到哪里，遇到小动物就马上自夸：“知道么，我比兔子跑得更快！”就这样，乌龟跑得比兔子快的消息马上人尽皆知了。

有一天，森林里突然发生了大火，动物们全都仓皇逃跑，原本大象邀请乌龟爬到它的背上，这样大象就可以带着乌龟逃离火海，但是乌龟不以为然地说："我比兔子跑得还快呢，你先走吧，不用担心我！"大象只得摇摇头，先走了。后来，火势越来越凶猛，狮子也邀请乌龟爬到它的背上，乌龟依然自以为是地说："我比兔子跑得还快呢，大火追不上我，你先走吧！"就这样，乌龟接连拒绝了大象、狮子、猎豹、野猪等的邀请，独自慢慢吞吞地爬啊爬啊。大火很快就烧到了乌龟身旁，它被火烧得吱吱乱叫，这时候土拨鼠从地洞里钻出来，说："你怎么不早点跑呢！"乌龟痛苦地说："我比兔子跑得还快！"土拨鼠撇着嘴说："你的确比兔子跑得还快，但那是兔子不小心睡着了。兔子输给你丢的是脸面，你这样以上一次的特殊情况判断这次的火情，丢掉的可是性命啊！我赶紧钻到泥土里了，你好自为之吧！"很快，乌龟就被无情的大火烧死了。

尽管这只是一个寓言故事，但是我们可以从中得到深刻的启示。通常情况下，已经发生的事情并不能代表普遍存在的情况，因而我们不能因为一次的成功就无限地夸大自己的能力，否则便有可能导致自己遭遇不测。要知道，任何事情都处在时刻的变化之中，乌龟虽然在兔子睡着的情况下赢得了比赛，战胜了兔子，但是大火无情，火势恣意蔓延，要比兔子难对付得多。在这种情况下，与其一味地盲目自信，不如更好地反思自身，从而知道自己获胜的真正原因，做到扬长避短，取长补短，帮助自己在未来真正获得成功。

人，应该往前看。任何成就只能说明我们当时当刻的实力和表现，并不能说明我们未来的人生一定会怎样。所谓人外有人，天外有天，尤其是职场人士，即便取得了一定的成就也不要盲目尊大。所谓高处不胜寒，当我们身居高位，或者有了显赫的成就时，更应该谨言慎行，激励自己不断努力和进取，这样才能尽力保全荣耀。朋友们，把每一段过去的耻辱，把每一份现在的荣耀，都当成是激励自己进步的筹码吧，唯有如此，我们的人生才能不断向前！

必胜的信念，助力成功

就算是天才，如果没有必胜的信念，不能在信念的支撑下坚持不懈地努力，也是无法成功的。如果爱迪生在寻找灯丝材料时只尝试了十几种材料就放弃，那么也许整个世界都要晚一些才能迎来光明；假如肯德基爷爷在卖炸鸡配方时只尝试几次就不再努力，那么就很难保证如今全世界人人都能吃到如此美味的炸鸡；作为普通人，假如我们不相信只要努力就能成功，那么人生之中必然多一些半途而废，必然更加碌碌无为……曾经有位名人说，每个人客观的条件其实相差无几，而之所以每个人的人生相差迥异，就是因为每个人的心态不同。有心的人会发现，那些成功者大多数都是拥有必胜信念的人，而且他们不管面对怎样的艰难困境都能做到坚持不懈、决不放弃。

现代社会主张终身学习，尤其是我们在大学校园里学到的知识，有很多在我们刚刚毕业走上工作岗位时就已经过时了。在这样的情况下，我们想要与时俱进，仅仅凭借学校里的学习显然不够，更重要的是在步入工作岗位以后依然能够根据实际的工作情况不断充实自己，修炼自己的能力。当然，学习是一件辛苦的事情，不但需要我们付出时间和精力，更需要我们付出极大的热情和耐心。在这种情况下，唯有以必胜的信念为支撑，我们才能做得更好。

也许有些朋友会说，我不是刚刚毕业的大学生，我已经很老了，不具备学习的能力。这句话是错误的。对于任何人来说，活到老，学到老，学习是一种习惯，只要拥有学习的习惯，我们根本不缺乏学习的能力。只有真正主动自发学习和充实自己的人，才能在人生路上不断前行，让自己顺应时代潮流和形势，时刻保持努力奋进的姿态。

本田宗一郎曾经是一名自行车修理工。因为对生命充满热情，也相信自己只要努力就能获得成功，他在这份平凡而又普通的工作中投入了极大的热情，最终凭借实力拥有了自己的自行车修理店。在此之后的半年时间里，他的修理店生意越来越红火，但是他仍然不知满足，而是努力学习修理摩托车。

毫无疑问，摩托车的构造和自行车相比更加复杂，但是这并没有难倒本田宗一郎，反而给了他极大的激励。他一边经营自行车修理店，一边利用工作之余的闲暇时间刻苦钻研摩托车。在摩托车大赛中，他以自己亲手改装的摩托车赢得了比赛，也从此受到了更多的关注。然而，他还是觉得自己需要充电，为此他特意去汽车专科学校学习，当了一名只要知识不要学位的旁听生。学习结束后，他觉得时机已经成熟，因而水到渠成地成立了东海精机公司。即便他已经在人生的路上走了很远，但是他依然求知若渴，非但没有自我满足，反而怀着更加谦虚的心态不断学习。在去欧美进行考察时，他花费重金买下了所有款式先进的摩托车，并且将它们带回日本仔细研究。两年多的时间过去，由东海精机公司改名而成的本田技研株式会社生产出了比世界知名摩托车更好的摩托车，由此打出了自己的品牌。后来，本田宗一郎更是进军汽车产业，在历经千辛万苦之后，于1936年研制出第一部本田汽车。从此之后，本田汽车经过数年发展，成为世界知名汽车品牌，足以媲美福特等世界名牌汽车。

从修理自行车，到修理摩托车，再到学习汽车知识，生产汽车，本田宗一郎的人生无疑颇具传奇色彩。他之所以能够创造业界传奇，实现人生的辉煌，在于他始终怀着空杯心态，努力学习，相信只要自己坚定不移地付出努力就一定能够获得成功。和那些名牌大学毕业的技工相比，本田宗一郎只是一个名不见经传的修理工，他能够拥有让世人瞩目的成就，源于他勤奋好学、不懈努力的精神，还有他必胜的信念。

有很多朋友都会说工作忙、没有时间学习，其实学习的方式有很多，诸如坐在学校的课堂里是学习，三人行必有我师是学习，甚至向他人请教或者积累工作经验，都是不同形式的学习。只要是有心人，我们一定能够在生活和工作中找到各种学习的机会，毫不间断地提升自己。

按照理想的模式生活和雕琢自己

人们常说，是金子总会发光，但是作为被埋没的金子，我们不能一味地等着他人来发现，唯有将自己精雕细琢，才能更快地实现我们人生的目标。生活中，不乏一些喜欢随波逐流、随遇而安的人，殊不知，这样被动的方式或许让我们感到一时的惬意，最终却会耽误以后的人生，使我们无法得到他人的认可和赏识，更无法在短时间内达到我们预期的目标。

毫无疑问，每个人对于自己理想的人生都是有所设想的。在坚持梦想的过程中，有很多人都由于各种各样的原因放弃了，只有少数人能够排除万难，决不放弃，最终达到梦想的彼岸。人生与人生之所以相差悬殊，并非因为作为人生主体的每个人之间存在巨大的客观差异，而是因为我们并不是都能够坚持和雕琢自己。一粒小石子掉进河水中，它肯定也想变成漂亮的鹅卵石，但是如果它不能经受河流长年累月的冲刷，就无法变得圆润光滑。

很久以前，有一粒小石子不小心掉进了河水中。它的棱角分明，被河水冲刷得很疼。它甚至疼得哇哇大叫起来，根本没有心思欣赏美妙的景色。直到几天之后雨水变小，水流也变得缓慢，小石子才没有那么疼了，这时它环顾四周，河底真美啊，不但有着柔软的水草和游动的小鱼，还有很多美丽的石头，它们不像小石子那样浑身黢黑，棱角尖锐，而是有着美丽的纹理，并且非常光滑圆润。小石子亲耳听到一个在河水里捡石头的小孩说，要把它们带回家里，放进玻璃鱼缸中呢！小石子羡慕极了，它也很想被孩子带回家，可以在漂亮的鱼缸里与小鱼为伴。为此，小石子问身边的石头：“你是天生这么漂亮吗？”石头笑了，说：“我刚刚来到河底生活时，和你一样非常难看，而且黑黢黢的。”小石子纳闷地问：“那么你是如何变得这么漂亮的呢？”石头笑着说：“我已经在河底很多年了，在接受河流的冲刷时，刚开始也许会感到很疼，就像你前几天不停地叫喊一样。时间久了，棱角渐渐消失，与河水之间的摩擦力没有那么大，也就没那么疼了。如此日复一日，年复一年，就会变得露出石头的纹理，也会变得光滑圆润，自然会受到小朋友们的喜爱。”

听了石头的描述，小石子也下定决心要留在河底，成为一块美丽的鹅卵石。

最近，山里的一座寺庙正在进行翻修，雕刻家寻遍了大山，找打了两块适合雕刻神像的大石头，费劲千辛万苦才把它们运到寺庙的院子里。其中一块大石头基础很好，更容易雕刻成神像，雕刻家首先问它：“你愿意变成神像整日被人供奉吗？”大石头当然很愿意。雕刻家又说：“那你必须忍受无数次的雕刻和打磨，也许会很疼，你必须忍耐。”说完，雕刻家就拿起工具开始工作，然而很快大石头就开始痛苦地呻吟，后来居然大声叫喊起来。无奈之下，雕刻家只好停止工作，大石头也哭泣着喊道：“太疼了，我不想成为神像了。”雕刻家又问另一块石头，另一块石头说：“我保证一声不吭，您就尽情雕刻和打磨吧！”果不其然，在雕刻家工作的几个月时间里，另一块石头始终不声不响，直到雕刻家完成工作，它才说：“谢谢您的辛苦劳作，我变成神像了吗？”雕刻家笑着说：“是的，以后你再也不用遭受风吹雨打了，而是会得到无数人的供奉。”在寺庙翻修完成之日，石像被披上鲜艳的红绸，矗立在庙宇正中。而之前那块石头呢，则被粉身碎骨，成为铺垫寺庙门前道路的材料。同样是粉身碎骨，一个雕刻出了自己的精彩人生，一个却日日夜夜地遭受人们的无情踩踏。

小石子要想变成鹅卵石，就要接受河水的冲刷。大石头要想成为人人敬仰的雕塑，就必须经历漫长的雕刻和打磨。小石子和大石头的经历告诉我们，任何成功都绝不可能一蹴而就，我们想要成为自己理想中的模样，就要付出极大的努力与毅力，这样才能在命运的磨砺中渐渐成型，享受未来的幸福岁月。

面对成功者，很多人心中都有解不开的结。因为那些成功者看起来并不像他们的成功那么耀眼，更没有独特的天赋，他们如此平凡而又普通，到底是如何获得成功的呢？其实，成功者并非天赋异禀的天才，即使是天才，如果不努力不坚韧，也依然无法收获成功。大多数成功者都具有坚韧不拔的毅力，并且能够在任何艰难的环境中坚持不懈，最终才能得到成功的青睐，拥有理想的人生。朋友们，要想让自己成为理想中的模样，从现在开始就按照理想打磨自己吧！所谓笨鸟先飞，也许早一步去努力，就会增加我们赢得成功的机会。

我们并没有自己想象得那么重要

当你穿着白裙子兴冲冲地去上班，路上却被拥挤的人群中的某一个不小心踩住了，因而裙角就多了半个黑脚印，你的好心情是否会大打折扣，甚至马上变得沮丧？因为你担心每一个同事都会留意到这半个黑脚印。当你鼻头上突然长出一个脓包，你却不敢挤压，只好硬着头皮顶着脓包去上班，让自己暴露于众目睽睽之下，你是否觉得每一个看到你的人都对你窃窃私语？尤其是对于一颗敏感而又脆弱的心而言，哪怕只是脸上多了一颗青春痘，或者衣服上有小小的污渍，都足以让他心神不宁一整天，觉得自己遭到了所有人的耻笑。其实，真的有那么多人在关注和留意你吗？因为这份敏感，你整日惶惶不安，生怕别人眼中的自己不够完美，因而心力交瘁。直到有一天你会发现，你并没有自己想象中那么重要。

当你笑着对同事说起自己裙子上的黑脚印，当你不好意思地提起自己鼻头上的脓包，你会发现同事们只是莞尔一笑，根本没有对你的异常有任何发现。如果你不说，也许他们在未来的日子里也依然不会发现。原来，我们一切的不安都源于自己的内心，我们把自己想得太重要了，所以让自己变得不堪重负，身心俱疲。把自己放下吧，让自己的心归零，当你把自己看得轻一些时，整个人也会随之变得轻松起来。难怪有位名人说，人最大的敌人就是自己。我们情绪的波动，我们的焦躁不安，其实只源于我们的心。当我们内心平和，整个人生也会变得淡定自若。

现代职场，有很多人自以为是，觉得自己才华横溢，却没有得到重用，更没有得到理想的薪酬。殊不知，人外有人，天外有天，任何情况下，我们都不会是公司里绝无仅有的人才。在这种情况下，我们唯有更好地摆正自己的位置，中肯地认识和评价自己，才能帮助自己消除心理上的不平衡，从而让自己更加积极主动地对待工作。把自己看得太重，实际上是给心灵背上沉重的包袱，同时自以为是的心也是我们成功路上的绊脚石。唯有放空自己，归零内心，我们才能更加平和淡定地面对整个人生。

作为英国大名鼎鼎的剧作家，萧伯纳在整个世界范围内都很有名气。有一天，萧伯纳来到一个陌生的城市游览，散步时偶遇一个美丽可爱的小姑娘，并和她在一起玩了很长时间。眼看天色渐渐晚了，萧伯纳准备离开，小姑娘也要回家了，因而萧伯纳对小姑娘说："小可爱，认识你很高兴。回家之后，你一定要记得告诉你妈妈，今天同你一起玩耍的人是世界有名的萧伯纳。"小姑娘沉默了一会儿，才一本正经地对萧伯纳说："我也很高兴认识你。回家之后，你也要记得告诉你妈妈，今天同你一起玩耍的人是一个英国的小姑娘，她很开心。"说完，小姑娘就蹦蹦跳跳地回家了，留下萧伯纳独自站在那里，沉思良久。一直以来，萧伯纳都觉得人们以认识他这个大名鼎鼎的作家为荣，却不知道，对于一个普通的小姑娘而言，他只是一个普普通通的小伙伴，能给小姑娘带来快乐就足够了。

几天之后，萧伯纳把这件事情与朋友分享，感慨万千地说："一个人不管有多大的成就，都不应该自视甚高，更不应该骄傲。唯有放下自己，怀着谦虚低调的心态，才能平等对待他人。"

即使是大名鼎鼎的萧伯纳，也终有一天发现自己并不像自己想象得那么重要。其实，放下自我是一种非常健康的心态，也是成熟的标志，更是具有人生智慧的表现。不管我们的官职多高，也不管我们的成就有多大，任何时候都把自己当成一个普通人，这对于我们与他人的相处包括自处，都是很有好处的。

从学习和提升的角度而言，不管是在生活中还是在工作中，唯有把自己放低，才能让自己有更大的空间向上发展，否则，如果我们自视甚高，难免会因此骄傲，导致向上发展的空间有限，无法更好地发展自己。

接受不完美的自己

在这个世界上，每个人都梦想着让自己变得完美，似乎完美是一切理想人生的标准和目标所在。然而，这个世界上根本没有绝对的完美，这也是众所周知的事实。我们无限地追求完美，努力让自己更加贴近完美，完美却是我们人生之中的一个无法实现的目标。

在人生的历程中，从呱呱坠地的婴儿时期开始，我们就在不断接受人生的磨难，也正是在这些磨难中我们获得了成长，不断成熟起来。从人生之初，我们就面临着无数个第一次，这些第一次既带给我们欣喜，同时也让我们逐渐认清楚和接受自己的不完美。

很多人因为自身的不完美而万分痛苦纠结，甚至对自己的人生失去希望。殊不知，人生本来就是不完美的，因而我们只有接受不完美，坦然面对不完美，才能在不完美的基础之上积极提升和完善自己，使自己获得成长和进步。否则，假如一味地与不完美的自己抗衡，反而会使那些不完美阻碍我们的发展。换个角度来说，也正是这些不完美，才使我们区别于他人，成为最与众不同的独特自我。试想，假如世界上每个人都非常完美，有着相同的完美的鼻子、眼睛、嘴巴和脾气秉性爱好，那么还有什么所谓的完美呢！就像美一样，正是因为有了丑的衬托，才变得更美。若满眼看去都是一模一样的美，那么，即便再美的东西，也会导致严重的审美疲劳。

小豆是个很胖的女孩，尽管名叫小豆，但是她的体重并不轻，因而有同学打趣说她是“一麻袋小豆”。大学毕业之后，小豆四处奔波寻找工作，但是因为太胖，每每被拒之门外。后来，她好不容易才找到一份工作，因此很珍惜这份工作的机会。然而，同事们总是对她的胖风言风语，小豆也意识到自己该减肥了。拿到第一个月薪水，她就开始购买各种各样的减肥产品，只留下很少的钱吃一些瓜果蔬菜。一个月下来，小豆瘦了二十多斤，看着暴瘦的自己，尽管感觉有些虚弱，但是她很高兴。接下来，她的减肥之旅一发而不可收拾，第二个月，她又减掉十斤，但这是她一个月不吃主食的效果。也正因如此，她的脸色很差，在坚持到第三个月时，正在工作的她突然晕倒了，同事们手忙脚乱地把她送到医院，千里之外的父母也闻讯赶来。

爸爸妈妈看着面如菜色、躺在病床上的小豆，心疼极了，说：“身体发肤，受之父母，你即使要减肥，也应该采取健康的方式，不能轻易绝食啊！”小豆笑了，说：“妈妈，我成功减掉了三十多斤。”妈妈嗔怪地说：“但是你躺在了病床上，不但不能工作，还要花钱看病，你代谢紊乱啦，必须要调养一段时间。”后来，小豆从医生那里了解到盲目减肥的恶劣后果，也不由得心有余悸。同事们都纷纷劝说她：“减肥干吗呀，健康就好。为了减肥损害健康，可是得不偿失。而且，有些瘦人想长肉还长不来呢！”出院以后，小豆采取了运动和合理饮食的方式控制体重，再也不敢盲目减肥了。接受了自己不完美的她，又找回失去已久的快乐，面色也渐渐红润起来。

有很多人都和小豆一样，时刻在和肥胖作斗争。然而，千万不要像小豆一样采取极端的方式，否则就会因为代谢失调给身体带来极大的损害，更会影响自己的好心情。所谓金无足赤，人无完人，人总是不那么完美的，我们应该勇敢面对自身的不完美，而不要盲目回避和排斥，不然就会给自己带来更多的烦恼。

实际上，完美和不完美只是相对而言的。假如我们无限放大不完美，每天都因为所谓的不完美而烦恼，则不完美就会给生活带来更多负面影响。相反，假如我们能够接纳不完美，与不完美和谐共生，把不完美当成构成自身完美必不可少的组成部分，那么我们就不会再因为不完美的存在而烦恼，人生就会多很多乐趣和圆满。若想拥有快乐幸福的人生，就让我们从悦纳人生的不完美开始吧！

面对人生的很多不如意，我们总是把“如果”挂在嘴边。“如果今天没有吃到……”“如果我从未伤害过你……”“如果一切可以重来……”“如果时间可以倒流……”这些如果，帮助我们成功逃避无法令人满意的现实，把一切希望都寄托在永远不可能重新来一遍的人生中。要知道，人生是现场直播，不是彩排，更没有重新来过的机会。因此，对于人生而言，“如果”永远不存在。与其在灾难面前不停地说着“如果”，不如把宝贵的时间用来直面现实。只有深刻理解人生不可能重来的道理，才能彻底消除我们心中不切实际的幻想，让我们以更加审慎的态度对待人生，不轻易浪费命运赐予我们的每一次宝贵的机会。

生活永远在当下，只有不寄希望于时光倒流，我们才能珍惜当下的每一分每一秒，把每一个今天都当成是生命中的最后一天，无怨无悔地度过。这样一来，我们的人生也必然更加充实，不会因为漫不经心的错误造成人生的缺憾，更不会因为无望的寄托导致人生永远在等待中颓废。

在中考那天，急匆匆赶去学校的李楠因为一场意外的车祸，不但错过了考试，也失去了双腿。从此之后，他总是不停地想象着：“如果没有那场车祸……”直到车祸过去一年，李楠依然没能从阴影中走出来，还在梦想着，如果时光倒流，没有发生那场车祸，生命该是多么美好。看着儿子颓废沮丧的模样，妈妈从心疼到着急，最后终于忍不住和李楠说：“没有如果，这个世界上没有如果，没有如果！”看到妈妈歇斯底里的样子，这是从未有过的，李楠的心剧烈地痛起来。妈妈泪流满面，告诉李楠：“人生不可能重来，你永远都不会再有血肉之躯的双腿了，但是你可以为自己找到支撑。只要你不颓废不沮丧，加倍努力，勇敢面对人生，你甚至还能为自己插上翅膀，一飞冲天呢！”听了妈妈的话，李楠含着泪笑了。

从此以后，李楠彻底接受了自己失去双腿的事实，不再自哀自怨，不再怨天尤人，更不再说“如果”。经过半年多积极的康复训练，李楠装上了假肢，再次回到校园开始学习。由于自己缺少双腿，所以他比大多数同学更努力，最终以优异的成绩考上了大学，也为自己的人生开辟了成功的道路。

面对人生的厄运，很多人都会产生逃避心理，不停地暗示自己“如果”灾难没有发生会怎么样。然而，任何事情一旦发生，可以弥补、挽救，却无法重新来过。不管我们怎么懊恼沮丧，命运都是无情的。要想改变命运，唯有勇敢面对灾难，扼住命运的咽喉，我们才能主动积极地掌控人生。

逃避不可能彻底解决问题，反而会因为自我麻痹导致我们的意志更加懈怠。在灾难突如其来时，我们都应该坚决拒绝“如果”，哪怕是强迫自己接受现实，也能帮助我们尽快从毫无益处的想象中摆脱出来，更加积极地去面对问题和解决问题。记住，人生没有彩排，生命不可重来，只有过好当下的每一天，我们才能拥有充实精彩的人生。

第 09 章

奇迹，往往源自于不可思议的信念

生命中每个人都渴望奇迹的出现，尤其是在遭遇逆境坎坷的时候，我们更是寄希望于奇迹的发生，似乎唯有如此，生命才能超越困境，迎来柳暗花明。然而无数事实证明，奇迹从来不会从天而降，大多数情况下奇迹源自于我们的内心，只有我们拥有坚韧不拔的意志和顽强不屈的信念，只有我们悦纳自己相信自己，人生才能迎来奇迹。

坚持才能创造奇迹

古人云，滴水穿石，绳锯木断。小小的水滴，力量那么渺小而又看似柔弱，作为最无形且柔软的水，就这么一滴一滴穿透坚硬的石头，靠的就是那份坚持。同样的道理，柔软的绳子来回拉动，居然能把木头锯断，不得不说这也是坚持的力量。由此可见，任何微弱的力量，只要能够坚持不懈地努力，就一定能够积聚强大的能量，最终产生质的飞越，创造奇迹。

作为万物主宰的人类，偏偏在很多时候都无法坚持。因为缺乏自信，因为畏惧困难，很多人一旦遭遇小小的挫折就会马上放弃，所以他们无法看到成功的曙光。假如我们也能拥有水滴的韧性，拥有绳子的毅力，那么我们同样能够战胜困难，超越自我，创造生命的奇迹。只有坚持，才能让我们与最好的自己相遇，让我们更顺利地抵达人生的目的地。

在人世间，最容易的事就是坚持，只要把简单的事情重复做，就是坚持，诸如太阳东升西落，海水潮涨潮落，都是坚持。然而，人生中最难的事情也是坚持。即便是再简单的事情，要想日复一日、年复一年地重复下来，也是需要极大毅力的。人生短暂，如同白驹过隙，留给人们实现梦想的时间太短太短。大多数人都恨不得能够一举获得成功，还有多少人知道成功是点滴的积累，是失败之后经验的升华呢！没有人能够随随便便成功，即便我们不是鸿鹄，也不要成为那小小的燕雀。唯有不断坚持，才能让自己在简单的坚持之中创造生命的奇迹。

有一天，苏格拉底正在给学生们上课。一个学生问他：“老师，我们怎样才能成为和您一样的大学者呢？”苏格拉底没有直接回答，只是说：“今天这节课我们不学习新的知识，只做一件最简单也是最容易的事情。

现在，你们每个人像我这样把胳膊使劲朝前甩，然后再尽量往后甩，如此反复，每天都要坚持做三百下，能做到吗？”听到这个简单的任务，学生们全都不以为然，说：“这么简单，当然能做到。”一个月之后，苏格拉底问学生们：“一个月前我布置的那项简单任务，你们之中有几个人坚持下来了？”教室里大概90%的学生都举手示意老师他们做到了。一年之后，苏格拉底再次问学生们：“一年前我布置的那个简单任务，还有哪些同学坚持在做？”这时，同学们面面相觑，只有一个同学举起手来。这个同学后来也成为了大名鼎鼎的哲学家，他就是柏拉图。

对于这个简单的动作，原本同学们都不以为然，也非常轻视，却没有想到，虽然一个月之后有百分之九十的同学坚持在做，然而等到一年之后就只有柏拉图依然坚持不懈。正因为有着如此坚韧不拔的精神，柏拉图最终成为著名的哲学家，取得了令世人瞩目的成就。

通常情况下，人们对于简单的事情总是不屑一顾，觉得以自己的实力一定能够完成，而且能很好地坚持下去。殊不知，坚持并非三天打鱼两天晒网，而是要坚持不懈，以恒久的毅力才能保持下去。在这种情况下，能够坚持不懈的人一定有着独特的过人之处，因为他们从不放弃。这也正是获得成功的潜质，可以帮助人们摆脱平庸，以顽强的毅力突破自我，超越自我，成就自我。朋友们，不管命运赐予我们什么，都努力坚持下去吧，只要我们坚持不懈，总有一天会看到希望的曙光，最终获得成功的青睐。

你就是那个拯救自己的人

人生难得一帆风顺，大多数人都要面临命运的坎坷和挫折。每当遭遇困境时，常常有朋友会把希望寄托在他人身上，希望他人能够拯救自己于水深火热之中。他们甚至自己根本不会去想办法解决难题，而是一味地寻求帮助。常言道，自助者，天助之。这句话告诉我们，一个人在遭遇困境时必须首先自救，才能得到命运的垂怜，使悲惨的命运得到转机。与此恰恰相反，假如一个人在遭遇困境时总是一味地求助于他人，自己丝毫不去试图努力改变命运，则最终一定难以摆脱厄运，甚至使命运陷入泥泞之中，无法自拔。

归根结底，每个人的救世主就是自己。假如依赖成为习惯，人们在遇到任何问题时第一时间想到的都是别人的援助，那么只会丧失斗志，不再具有独立自主的精神。要知道，别人的慷慨帮助也许能够帮助我们暂时摆脱困境，但是要想拥有坚强独立的人生，我们只能依靠自己找到正确的方法。人必须为自己找活路，若一味地仰仗他人的帮助，最终只会让自己一事无成，更不能承担生活的任何压力。面对那些成功的人，我们应该扪心自问：我们并不比他们差，为何就不能凭借自身的努力获得成功呢？很多时候，那些成功人士经历坎坷，人生也并不如我们平顺，但是他们能成功逆袭，最终收获成功的人生，就是因为他们为自己找到了活路，拯救自己于命运的深渊中。

在美国，亨利香肠得到了很多人的认可和喜爱，它的发明者亨利也因此名满天下。其实，亨利发明这种香肠并非出自偶然，而是在生命的逆境中才实现的。

身强体壮的亨利曾经在农场工作，尽管当时他的生活很贫困，但是他对待工作勤勉认真，也得到了老板的认可和赏识，所以生活还算幸福。然而，一次意外事故使活蹦乱跳、体格健康的亨利突然之间瘫痪，从此之后他只能坐在床上，什么事情也做不了。面对如此沉重的打击，亨利一时之间根本无法接受，每天除了痛哭流涕，就是抱怨连天，所有的亲戚朋友都以为他的人生彻底毁了。一个偶然的机会，妈妈鼓励亨利："亲爱的，我不想让你在对命运的抱怨中度过下半生。你要知道，你的厄运无法改变，即便如此，你也依然能够操控自己的命运。只要你愿意，你完全可以改变现状。"妈妈的话让亨利陷入了沉思：确实，我还这么年轻，难道就如此沉沦下去吗？思来想去，亨利决定改变："虽然我不能走路，但是我还能思考，双手也是灵活自如。”想到这里，亨利不再怨声载道，而是满怀希望地面对每一个崭新的今天。他的积极乐观，也让家人对他再次充满信心。经过数十天的深入思考，亨利终于想出了一个好办法：“我们何不成立一家香肠加工厂呢！我们可以用自己种植的玉米喂猪，提升猪肉的品质，然后再趁着猪肉鲜美时将其加工成香肠，更可以生产玉米味道的香肠，也许能够打开销路呢！”果不其然，亨利香肠问世之后受到了大家的一致喜爱，很多人甚至慕名而来购买香肠。从此之后，亨利的命运也彻底改变，他成为了成功的创业者，不但改变了自身的命运，也扭转了家庭的贫困局面。

正如一位名人所说，假如命运为你关闭了一扇门，它一定会为你打开一扇窗。面对残酷的命运，亨利原本心如死灰，也不知道人生的方向在哪里。幸好妈妈的话激励了他，让他再次燃起对生活的希望。即便命运最终没有给予我们最好的安排，我们也能够依靠自身的努力最大限度地提升自己，如此一来，我们不再是只能接受命运摆弄的棋子，而是成为会飞的棋子，可以自己决定命运。

常言道，天无绝人之路，很多情况下，我们看似被生活逼入绝境，实际上，只要我们心怀希望，始终不放弃努力，就一定能够翻越人生的火焰山，让自己的命运发生大逆转。冬天已经来了，春天还会远吗？人生不可能永远都是坦途，更不可能永远都是逆境，只要我们坚持不懈，不放弃努力，就一定能够扼住命运的咽喉，成为生命的主宰。

做好自己，你无须仰视他人

每个人都是一座高山，我们只须努力攀登属于自己的顶峰，而无须看着别人的成功垂涎。诚如一位名人所说，这个世界上没有两片完全相同的叶子，同样的道理，这个世界上也绝没有两个完全相同的人，这也就注定了每个人都有自己独特的人生，就连成功也与他人有着截然不同之处。在这种情况下，不管别人拥有多么大的成就，我们或许可以从他们身上受到启发，或许可以借鉴他们成功的经验，但是无论如何都不能盲目崇拜他们，更不能把他们成功的模式套用到我们自己身上。毋庸置疑，我们与他人有着很大的不同，不但脾气秉性、性格爱好不同，就连后天形成的人生观、价值观、世界观等也都完全不同。这就直接决定了我们不可复制他人的人生。

很多人都仰慕成功者，甚至恨不得按照成功者的道路再走一遍，似乎这样自己就能获得成功。其实，既然我们是自己的高山，也就无须仰视他人。对于任何人而言，套用他人成功的模式取得的成功，就像东施效颦一样可笑至极。与其如此，我们不如尽力摸索，使自己得到人生的馈赠。

实际上，成功只是一个相对的概念。对于一个千万富翁而言，也许再赚取几百万与成功没有丝毫关系；但是对于一个出身贫困的普通人而言，倘若能够依靠自己的努力赚取几百万，不但可以改变自己的命运，也能扭转家庭的困难局势，这就是成功。由此可见，成功恰如幸福，表现在这个人身上什么也不是，表现在那个人身上就是幸福。需要注意的是，成功的标准并非是我们赚取了多少钱，拥有多高的权势地位，而是我们相比较自己而言有了怎样的进步和收获，是否真正实现了个人的价值。这才是成功之于每个人的独特定义。朋友们，在追求成功的道路上，永远不要套用他人身上的标准。只要我们符合自身的标准和定义，就相当于获得了成功。记住，你才是那个最好的角色。

在班级里，小鹏始终觉得自己活在李运的阴影中。原来，李运是班级里的大班长，班级里无论有什么事情都要李运负责，而小鹏呢，尽管是副班长，但是风头远远不如李运。有时候，只有在李运不在的情况下，人们才会想起他这个副班长。这次班委会竞选，小鹏一心一意想要成功竞聘大班长，不想，最终他还是屈居于李运之下，仍然是副班长。为此，小鹏郁郁寡欢，很不高兴。

妈妈看到小鹏愁眉苦脸的样子，问：“宝贝，今天发生了什么不开心的事情吗？”小鹏忧郁地说：“不管我怎么努力，我始终都是副班长。”妈妈仿佛猜透了小鹏的心思，笑着说：“这是同学们对你的认可啊！”小鹏却丝毫提不起兴致：“但是，我很想成为独当一面的正班长，为何我总是比不过李运呢！”妈妈语重心长地说：“你根本无须和李运争高下啊！正班长有正班长的职责，副班长也有副班长的义务。任何情况下，你只需要做好自己，而不用仰视他人。也许此时此刻，还有很多其他同学羡慕你能以绝对优势的选票博得副班长的职务呢，对不对？”妈妈一语惊醒梦中人，是啊，为什么要和李运相比呢，只要做好自己，当好副班长就好啊！想到这里，小鹏愁眉舒展，不由得笑了起来。

对于很多同学而言，副班长也是非常重要的职务，正是出于对小鹏的信任，他们才把副班长的选票投给小鹏。小鹏能够在接连几次班干部竞选中都获得副班长的职务，恰恰说明他担任的副班长得到了同学们的认可。在这种情况下，小鹏完全没有必要自寻烦恼，硬要和正班长李运争个高下。现实生活中，每个人都有自身的定位，也有自己特定的角色。与其把目光放在他人身上，徒劳地羡慕他人，不如更加努力地扮演好自己的角色，做好自己的本职工作，这才是我们每个人都应该做的。

机会，永远留给有准备的人

现代社会，越来越多的人意识到机会的重要性，与此同时，他们也把自己身边很多成功人士的成功归结于好运以及抓住了千载难逢的好机会。那么，倘若你当时正如那些曾经平凡的成功人士一样，为何你没有抓住机会呢？由此可见，成功人士之所以能够抓住转瞬即逝的机会，是因为他们始终时刻准备着，所以从不让任何机会悄然从身边溜走。

机会总是留给有准备的人，这句话很多人都已经听了无数遍。真正把这句话听到心里的人，能够及时改变自己，让自己作足准备，随时迎接机会的到来。然而，有些人即便每天都若干次听到这句话，也依然我行我素，从来不会当机立断地展开行动，帮助自己作好准备迎接机会的到来。如此一来，他们又有什么资格和权利抱怨命运的不公呢？是他们错失了机会，而并非机会从不青睐他们。

很久以前，一个乡村突然发起了洪水，村民们全都仓皇外逃。在洪水刚刚开始淹没村庄时，就有救援人员前来帮助村民们转移。这时，教堂里的主教拒绝了救援人员的帮助，没有上救援的船只，而是跪在十字架前不停地祈祷，祈求上帝来救他。眼看水势越来越湍急，救援船只只好先离开了。渐渐地，洪水淹没了房屋，主教不得不爬到教堂顶部。这时，又一只救援船只驶过来，还抛下一个救生圈给他，让他努力游到船边。不想，他依然固执己见地说："我的上帝一定会来救我的！"无奈，这只救援船只也离开了。眼看着洪水已经到了他的脖颈处，马上就要淹没他了。他紧紧地抱着教堂屋顶上的十字架，恳求上帝来救他。这时，一架直升飞机远远地飞过来，扔出软梯搭救他，他却艰难地挣扎着呼吸，说："我的上帝会来救我。"不一会儿，直升飞机也飞走了。很快，他就被肆虐的洪水淹没了，失去了宝贵的生命。

他死了之后，他的灵魂来到了天堂。他找到上帝，生气地质问："我的主啊，我是那么信任你，你为何眼睁睁地看着我死去，却不伸以援手？"上帝无奈地说："我先是派出小船，之后又给了你救生圈，最后还动用了直升飞机，你却始终执迷不悟，拒绝一次次求生的机会，这可怨不得我啊！"

在这个事例中，尽管主教虔诚地信奉上帝，也一直坚定不移地相信上帝一定会对他施以援手，却始终没有作好获救的准备，因此才会一而再再而三地错过上帝的搭救。生活中，我们很多人都巴不得像抓住救命稻草一样抓住千载难逢的好机会，从而使自己事半功倍，不管是生活还是工作都更上一层楼，然而他们和故事中的主教一样，一边祈祷，一边对上帝给予的好机会视而不见。如此一来，即便上帝真的想要救他们，也莫可奈何。

很多时候，机会并非没有来，而是我们一叶障目，不见泰山，眼睁睁地看着机会从我们身边溜走。要想随时随地抓住好机会，我们就要调整好心态，端正态度，以充分的准备和机智灵活的心思，巧妙地抓住随时都可能出现的机会。所谓机会总是青睐有准备的人，实际上，并非机会有所偏袒，而是有准备的人火眼金睛，能够及时发现和抓住千载难逢的好机会。如果一个人对机会视而不见，那么即使有再多的机会来到他的身边，也不会留在他身边。

朋友们，别再一味地抱怨机会不肯赏光了，我们与其花费宝贵的时间抱怨，不如努力提升自己，充实自己，让自己拥有足够的实力抓住那些千载难逢、转瞬即逝的好机会。当然，即使偶尔一次错过了好机会，也不要万分沮丧，因为如果我们因为错过太阳而哭泣，那么也会错过群星。一个人不可能抓住所有的机会，当错失机会之后，最好的应对办法就是马上完善自己，等待下一次机会的到来。

满怀希望，才能面对生活的困顿

在《肖申克的救赎》里，主人公安迪说："怯懦囚禁人的灵魂，唯有希望才能让我们感受自由。"这句话由身陷囚笼的安迪说出来，给人以深刻的启迪。希望是人生之光，一个人的人生假如没有希望，就会变得黯淡无光，甚至陷入绝望的深渊无法自拔。毋庸置疑，命运总是充满坎坷和挫折的，我们要想拥有精彩的人生，就只能以希望之光驱散人生的阴霾，使自己坦然面对人生的困窘。

很多人面临人生的困境时，哪怕只是小小的挫折，也会陷入绝望之中，沮丧颓废。殊不知，这恰恰是导致我们人生沉沦的罪魁祸首。实际上，没有人的人生会是一帆风顺的，那些强者之所以能够驱散人生的阴霾，战胜人生的困境，就是因为他们始终心怀希望，积极面对生活。心中有希望的人，就像是有了窗户，即便人生的大门紧闭，也依然能从窗户中得到阳光的照耀。由此可见，希望对于人生是多么重要，就像阳光之于我们一样。

作为一名精神病学专家，林德曼始终认为希望对于人生起到至关重要的决定性作用。为了证实希望的强大力量，1900年7月，林德曼独自驾驶小船驶进了波涛汹涌的大西洋。他准备以生命为代价，进行一项有史以来绝无仅有的心理学实验：一个人只要心怀希望，满怀信心，就能保持精神和机体的健康。

大西洋波涛汹涌，环境恶劣，所有的人都在关注着林德曼横渡大西洋的壮举。在此之前，曾经有一百多人先后试图驾船横渡大西洋，但是都失去了宝贵的生命，无一人生还。在对此进行研究之后，林德曼博士认为他们最终是死于精神上崩溃，死于恐怖和绝望，而并非因为身体不能支持。为此，他不顾亲朋好友的反对，决定以身试险，从而验证他的观点。

尽管预先对航行中有可能遇到的困难有了一定的设想，但是航行的艰难依然超出了林德曼博士的想象。在航行过程中，他不止一次地濒临死亡，不但运动感处于麻木状态，甚至眼前还出现了严重的幻觉，使他无法分清想象和现实。然而他意志坚定，每当感到绝望时，就马上提醒和告诫自己：“可怜的人，你想死在这茫茫大海之中吗？不！只要坚持，只要有信心有希望，我一定能够获得成功！”就这样，在对生的强烈渴望之下，林德曼居然经受住考验，获得了成功。在回顾这次航行经历时，他说：“我坚定不移地相信自己能够获得成功，我浑身上下的每一个细胞都充满了希望。”林德曼横渡大西洋的经历向世人证实，只要满怀希望，就能维系精神支柱，支撑自己战胜困难，直至成功。

事实的确如同林德曼所言，很多人在人生之中之所以频繁遭遇失败，最终一事无成，并非是因为他们能力不足，也不是由于那些客观因素，最重要的是他们心中没有希望。没有希望的人生，就像是一叶扁舟航行在茫茫大海之上，缺乏希望的指引，最终只能导致随波逐流，从精神到肉体都彻底崩溃。相反，假如能有灯塔的指引，那么，无论多么漫长的历程，人们都能以顽强的毅力坚持下去，直到获得成功。这就是希望的力量。

希望是生命中的阳光，是我们内心深处的引航灯，也是一种坚持。唯有怀着希望之心，我们才能勇敢面对人生中的一切艰难坎坷，既不抱怨，也不抛弃，更不放弃，以巍然屹立的精神支柱面对人生，并找寻到通往人生的成功之道路。朋友们，心存希望，我们才有充满光明的未来！

相信自己，让丑小鸭变成白天鹅

人从呱呱坠地开始，一切都要依靠父母，才能进行简单的吃喝拉撒等基本的生理活动。随着渐渐成长，我们开始拥有自己独立的思想和自主意识，不再愿意继续一味地听从父母的安排，而是想要独立自主，拥有属于自己的人生。在这种情况下，父母渐渐隐去，我们也不得不独自面对人生的坎坷和挫折。尤其是当遭遇困境时，有勇气的人能够破茧成蝶，从丑小鸭变成白天鹅；缺乏勇气的人则会自暴自弃，最终失去人生的美好未来。

也许有人会说，有谁不能接受自己呢！任何人不都应该悦纳自己，并提升自我吗？其实不然，生活中有很多人都不相信自己，因而现代社会不仅整容的人越来越多，缺乏自信的人也屡见不鲜。古人云，身体发肤，受之父母，只要我们悦纳自己，即便我们不够美丽，也依然能够绽放出独特的神采。然而，让丑小鸭变成白天鹅并非那么简单的事情，那需要漫长的过程。最重要的在于，一个人只有认可自己，充满自信，才能最大限度地发挥自身的能力，让自己由内而外焕发出神采。与此相对，假如一个人总是自卑，自轻自贱，怀疑自己，那么他无论如何努力，也不可能成为白天鹅。

每个人都应该成为人生的主宰，即便别人再怎么指手画脚，我们也不能把自己的人生拱手让给他人做主。我的人生我做主，当我们说出一番豪情万丈的话时，还需要后期付出极大的努力，也需要我们的人生承受更多的历练和磨难。总而言之，丑小鸭必须具备成为白天鹅的勇气，并且相信自己能够成为白天鹅，才有可能真的变成白天鹅。否则，从内心深处首先否定了自己，还谈何成功的可能性呢!

作为曾经的奥斯卡金奖得主，著名的意大利女演员索菲亚·罗兰主演过一百多部影片，受到无数观众的追捧和喜爱。然而，很多人都不知道，当她十六岁时第一次拍电影，遭到了摄影师的反感。当时，摄影师举着沉重的摄像机围着她不停地转圈，最终却向导演提出意见：“你从哪儿找来的演员啊，简直没法拍，不管怎么拍都毫无美感。”当时，执导的导演是大名鼎鼎的卡罗，他当然不能为此与自己亲密无间的搭档摄影师辩论，因而他只好对索菲亚·罗兰说：“你的确在表演方面有天赋，但是我的摄影师对你无计可施，你的鼻子确实太高了，你的臀部也太过丰满，似乎显得有些不协调。我想，你还是想办法把自己变得更协调一些吧！”

如果换作其他刚出道的女演员，听到著名导演如此评价自己，一定会伤心欲绝，甚至陷入绝望之中。然而，索菲亚·罗兰对此安之若素，她非常平静地对卡罗说：“导演，假如我的脸上有无法掩饰的瑕疵，我一定会去动刀子改变自己，但是我仅仅是鼻子高一些，臀部丰满一些，我觉得这并非大不了的缺点。相反，这是我的特点，也是我与众不同的地方，难道您不承认美是没有统一标准的吗？”听了她的话，导演被说服了，最终请摄影师保留意见，继续拍摄。最终，这部电影问世之后得到了人们的一致认可，索菲亚·罗兰也因此走入观众的视野，并且凭借着自身与众不同的美成为了举世闻名的影星。

假如索菲亚·罗兰在导演的建议下去改变自己，也许她就无法成就自己的独特之美，更无法获得奥斯卡金奖。如果说本来的索菲亚·罗兰是一只丑小鸭，那么是她的自信和坚持，让她最终变成了美丽高傲的白天鹅。不得不说，索菲亚·罗兰的选择是正确的，倘若当初她毫无原则地改变自己，这个世界也就少了一位独具特色的影星。

朋友们，一个人无论多么接近于完美，都无法博得所有人的赞赏和喜爱，这是因为每个人都有自己独特的审美和评判标准，即使面对相同的事物，每个人也会提出与众不同的见解。既然如此，我们与其迎合他人迷失自己，不如坚定不移地做好自己，以自己的真实面目和独特魅力，最终给人留下难以磨灭的印象。归根结底，我们无须过分在意他人的看法，因为我们的人生是属于自己的，而不是活给别人看的。悦纳自己，相信自己，才能让我们距离梦想中的人生越来越近，帮助我们从丑小鸭变成白天鹅。

第10章

输了不丢人，失败不过是从头再来

人生中，很多人都怕输，因而他们选择在没有开始时就放弃，或者在努力了99%之后放弃。但是，无论是前者还是后者，在避免失败的同时，也失去了成功的机会。后者尽管付出了很大的努力，却不能五十步笑百步，嘲笑前者从未尝试。毕竟，他们得到的结果是相同的，那就是从未努力地坚持下去，更没有获得成功。实际上失败并没有什么可怕的，只不过是给予自己一个新的起点重头再来而已。相反，因为害怕失败而胆怯，导致最终连成功的可能也彻底失去，这才是最可怕的。

受伤就像是一次蜕变

每个人从呱呱坠地开始，就像是一张白纸，没有任何痕迹。随着成长过程的不断推进，这张白纸渐渐涂抹上五颜六色的色彩，也变得更加绚烂和繁复。人生就是要不断地前行成长，在成长的过程中，我们有过欢笑，有过快乐，也必然伴随着痛苦和泪水。有的时候，我们急于奔跑，因而摔倒在地，或者磕破膝盖，或者摔破脑袋，我们也因此伤痕累累，然而在伤痛愈合之后，我们会越来越成熟，能够更加坦然地面对人生的风风雨雨。

在人生的道路上，不可能总是一帆风顺，每个人总要经历一些痛苦和挫折，才能更加通达。面对这些磨难，最重要的是始终坚强，如果因为痛苦而失去自我，退缩不前，人生也就会因此停滞。就像大自然中的很多动物在发育过程中要多次蜕皮才能不断成长一样，人每次受伤也像是一次蜕变，伤痛虽然使我们痛苦，但也使我们变得坚强。只要怀着一颗勇于进取的心，我们的人生就会在伤痛中逐渐成熟，越发坚强。

作为一名残疾人，威尔玛·鲁道夫于1960年在罗马举行的奥运会上，夺得了田径赛事的三枚金牌。她从小体弱多病，曾经因为猩红热和肺炎引发了高烧，患上小儿麻痹，使得她的左腿严重萎缩。为了能够勉强恢复行走的能力，她每天都要穿着铁架鞋进行矫正。直到11岁那年，她才脱掉铁架鞋，与哥哥们一起在篮球场上玩耍。不过真正摆脱铁架鞋还是一年以后的事情，从此之后，她表现出非凡的运动天赋。

摆脱了铁架鞋的束缚，尽情奔跑的她，只用了四年的时间就入选美国短跑代表队，参加1956年在墨尔本举行的奥运会。这是她第一次参加奥运会，她在个人项目200米未能进入决赛，但是在4×100米接力跑比赛中，她表现突出，和队友们一起为美国队赢得了铜牌。后来，她进入大学，一边学习一边接受体育训练，并且在1960年的奥运会上一举夺得三枚金牌。因为她身轻如燕，跑步时姿态优美，因而意大利人赞誉她为“黑羚羊”，形象生动地描述了她奔跑时充满灵性的姿态。

1962年，她从田径比赛中退出，成为一名教练，全身心投入地培养年轻的运动员，为美国体育事业的发展贡献出了自己的一份力量。

面对恶劣的身体状况，威尔玛·鲁道夫在人生路上从未有过片刻的懈怠和松弛。她努力克服身体条件造成的局限，最终成功地脱掉束缚她的铁架鞋，成为一个奔跑的田径选手，并且为美国夺得了三枚金牌。也许正是人生的痛苦磨砺，才让她更加意识到生命的可贵，更加珍惜生命中的每一天。

面对失败，选择哭泣的人永远看不到成功的曙光，只有坦然面对失败，接纳人生的坎坷和挫折，我们才能奋起拼搏，最终成功地挑战命运，超越自我，实现人生的辉煌。终有一天你会发现，那些曾经的伤痛都是人生之中宝贵的经历和经验，只要我们拥有一颗不愿屈服的心，终将可以为我们的人生添砖加瓦，让我们的人生如虎添翼。

坚持梦想，做远比说更难

每个人都有自己的梦想，也常常把梦想挂在嘴边上，让梦想成为自己的口号。然而，只让梦想成为口号是远远不够的，毕竟，只靠喊口号，梦想并不能成为现实。任何人要想实现自己的梦想，都必须把梦想从虚幻变成现实，变成自己每一天都努力地脚踏实地去兑现的诺言。和说相比，实现梦想的难度显然要大得多。在通往梦想的道路上，我们会遇到风雨泥泞，坎坷挫折，任何时候都无法一帆风顺地到达人生的彼岸。为此，我们每个人都要作好准备，在实现梦想的路上不断地付出，即便遭遇磨难也依然不忘初心，坚持不懈，如此才能让我们的人生更加美好和圆满。

现代社会，很多人都已经意识到梦想的重要作用。对于处于逆境中的人生而言，梦想是引航灯，也是希望的灯塔，能够帮助我们冲破人生的重重迷雾，让我们向着目的地坚定不移地驶去。对于处于顺境的人而言，梦想更是能够给予我们源源不断的动力，激励和鞭策我们不停地向前向前再向前。总而言之，如果人生没有梦想的指引，就像一叶扁舟迷失在茫茫的大海之中一样危险，不但失去人生方向，而人们的幸福感指数也大大降低。

有时，梦想也像是沉潜在我们心底的一丝诱惑。现实总是冷漠无情而且非常残酷的，正因为有了梦想的支撑，我们才能够忍受生活的平庸和奋斗的艰辛，使自己的心找到诗意的栖居。即便梦想再渺小，也能够给我们干涸的心灵沙漠带来绿洲，给予我们的人生无限的光明和温暖。阿里巴巴的马云曾说，没有梦想比贫穷更可怕，因为失去了对未来的希望。的确，有梦想的日子里，我们总是能够战胜生活的艰难坎坷，为自己的人生点燃希望之光。然而，尽管梦想如此重要，也使得很多人都把梦想挂在嘴边，但是依然有很多人将梦想弃之不顾，甚至有了梦想之后就将其束之高阁，再也不去想，更不会努力实现梦想。如此一来，梦想也就失去了所有的现实意义，变成了空想，变成了白日梦，变成了人们心理落差之下对生活的无尽抱怨。

很久以前，有个男孩出生在一个贫困的农民之家。他从懂事开始，就经常跟随父亲一起到田地里干活。有一次，男孩帮助父亲干完农活坐在地头上休息，他出神地望着远处连绵起伏的山脉，整个人都神游物外，不知道在想些什么。父亲打断他的遐思，问："孩子，你在想什么呢？"他回了回神，回答父亲："我想有朝一日能够不用种田，也不用辛苦地去上班，而是坐在家里，就能有人汇钱过来。"原来，男孩曾经看到老师收到汇来的稿费，因而才产生了如此美妙的梦想。父亲摇摇头，说："孩子，你可不要异想天开，人必须认命。"

男孩非常努力地学习，用功读书，因为他不想自己的一生像父亲一样，只能在土地上辛苦地劳作。为了实现自己的梦想，男孩以优异的成绩考入了大学，毕业后由于他文采斐然，很快就发表了文章，也有了坐在家里就汇过来的稿费可以领取。最终，他不但整日坐在家里收稿费，不用在田地间耕作，更不用四处奔波上班，而且有了足够的钱去埃及看金字塔。和坐在家里挣钱一样，去埃及看金字塔也是他的梦想。当他真正站在雄伟壮观的金字塔前时，他兴奋地给父亲打电话："爸爸，我终于梦想成真了！"他，就是台湾著名畅销书作家林清玄。

从一个普普通通的男孩，到著名的畅销书作家，林清玄的成功与他的努力是分不开的。尽管实现梦想的道路充满了艰辛，但是，他一旦确立了梦想，就坚定不移地朝着梦想行进，为了实现梦想更是全力以赴，坚持不懈。任何能够成功实现梦想的人，无一不像林清玄这样从不轻易放弃梦想，哪怕历经千难万苦，也会坚持实现梦想。

当然，每个人实现梦想的过程都是艰难的，和成功一样，梦想绝不会在一夜之间变成现实。这也就要求我们不但要敢于梦想，更要勇敢去做，还要非常坚定不移、持之以恒地做下去。唯有如此，我们才有希望实现梦想，才能让梦想成就人生的辉煌。

有野心的人才是生活的强者

现代社会，生活节奏越来越快，工作压力越来越大，再加上复杂的人际关系和随处可见的潜规则，导致人们不得不夹着尾巴做人，不敢释放自己的野心。

每个人都渴望着拥有成功的人生，殊不知，成功的人生首先起源于野心。我们不妨看看古今中外那些伟大的人和成功者，他们在梦想之初总是不被人们看好，甚至遭到他人的嘲笑、挖苦和讽刺。但是他们从未放弃过实现梦想，而是坚定不移地朝着梦想前行。正因为他们有着强烈的野心，所以他们在追求梦想的过程中充满无穷的力量。无论何时，他们都能不畏艰难险阻，向着梦想勇往直前，因而他们最终能够成为生活的强者，获得属于自己的成功。

就像马云所说，即便是小虾米也应该有个鲨鱼梦。每个人都有着无穷无尽的潜力，倘若我们因为自轻自贱，对自己的梦想弃之不顾，或者根本连想也不敢想，那么我们自然无法发挥自身的潜力，最终成就自己的梦想。与此恰恰相反，假如我们有着远大的野心，尽管这份野心在他人看来也许根本不可能实现，但是对于我们而言，只要我们愿意不遗余力，为了实现野心坚持努力，那么我们的小宇宙就会爆发出无穷无尽的力量，最终成就精彩辉煌的人生。从这个角度来说，并非野心让人变得坚强，而是野心激发了人们潜在的力量，使人们的力量倍增。

很久以前，法国有位年轻人非常贫穷，生活一直在穷困之中挣扎。后来，这位年轻人以独到的眼光，开始从事装饰肖像画的推销工作。由于他很勤奋，也有梦想，因而凭借着自己的努力，很快发家致富，不但成立了自己的公司，还拥有了巨大的财富。后来，他不幸身患重病，在去世之前留下遗嘱："曾经，我饱受贫穷的折磨，如今却能够成为富人进入天堂，为了报答世人，我愿意把自己成功的秘诀留下来。倘若谁能猜出来穷人最缺什么，那就是我成功的秘诀，那么他就能够得到我赠予的一百万法郎。面对这样一位聪明睿智的人，即便我已经进入天堂，也依然不会吝啬给予他我最热烈真诚的掌声。"

在他去世之后，律师根据他的委托把这份遗嘱公之于世，人们对此热情高涨，在几天的时间里就有18461个人寄来了自己的答案。这些答案形形色色，应有尽有。很多人都觉得穷人最缺钱，有了钱就不会再是穷人了；还有人说穷人缺少的是发财致富的机会，更缺少贵人的提携；当然也有人说穷人缺少灵活的头脑，缺少发家致富的一技之长……面对这些回答，律师最终在公证部门的监督下打开了富豪的保险箱，答案也因此公布在众人面前。原来，富豪认为穷人最缺少的就是野心——成为富人的野心。最终，在所有答案中，只有一位女孩的答案是正确的，为此她得到了富豪赠予的一百万法郎的奖励。

面对这个幸运的女孩，人们纷纷问她是如何想出这个答案的，女孩笑着说："每次我的姐姐把男友带回家里，总是警告我不要有野心，不要有野心，所以我就认为也许野心能够让人得到自己想要的东西。"女孩的答案让在场的人全都哈哈大笑，但是也使人们陷入深思。的确，野心才能帮助人们得到自己想要的东西，这一点毋庸置疑。

上文叙述了一个真实的故事，看完这个故事，人们不由得陷入深思和探讨之中。最终，人们一致认为野心可以拯救人们的命运，也是救治贫困的良药。大多数穷人之所以始终深受贫困的困扰，就是因为他们鼠目寸光，思想也不能超前，因而只求温饱，从未想过让自己成为富人。缺钱只是最表层的问题，缺乏野心才是所有穷人都面临的困境。在现实生活中，我们也因为缺少野心，导致人生受到局限。倘若我们能够站得高，看得远，则一定能够让自己的思维更加开阔，使我们的人生挣脱束缚和局限。

很久以前，人们曾经觉得野心是个贬义词，或者至多认为野心是个中性词。然而在现代社会的情形下，野心对于人生的发展起到至关重要的作用，因而我们必须要培养自己的野心，适当的野心能够激发出我们的潜能，让我们更加坦然地面对人生的机遇和挑战。当然，只有野心而缺乏行动力和决断力，也是不行的。只有把野心和实际行动结合起来，我们才能最大限度地发挥野心的强大力量，使其成就我们的人生。

失败和成功同样可以接受鲜花与掌声

一直以来，人们习惯于把鲜花和掌声献给成功者，认为这是对成功者最大的认可和赞赏。殊不知，不仅成功者应该得到鲜花和掌声，失败者也同样应该得到人们毫不吝啬的赞美。很多人之所以失败，并非因为他们不够努力，而是因为他们勇于创新，努力尝试。就像丑和美总是相对的，失败和成功也是相对而言的。如果没有失败，人们就不可能获得成功；如果没有失败，这个世界上也不会有那么多的伟大发明、伟大创造。尽管人们本能地害怕面对失败，而人生却不可避免地与失败如影随形，越是充满创新和创造力的人生，越需要面对更多的失败。诸如爱迪生发明电灯，为了寻找到最合适的灯丝材料，他足足尝试了一千多种材料，进行了七千多次实验，最终才成功发明电灯。如果没有爱迪生面对这么多次失败，人类又如何得到光明呢！因而爱迪生的失败是值得我们每个人尊重的，也是伟大的失败。从这个角度而言，失败甚至比成功更有意义，因为它是成功的推动力，能够让我们最大限度地获得成功。

哈莉·贝瑞是一名黑人，也是好莱坞的著名影星之一。十七岁时，她就获得了光环与荣耀，获得了令人瞩目的成就。在2001年的第74届奥斯卡金像奖颁奖典礼上，她凭借在电影《怪物午宴》中的精彩表演，获得了奥斯卡“最佳女主角”奖，自此改变了奥斯卡没有黑人影后的历史。然而，如此幸运的她，并没有继续一帆风顺下去。在2005年的第25届金酸梅电影奖的颁奖仪式上，她因为在《猫女》中的表演，被评为“最差女主角”。在好莱坞历史上，她是第一个亲手接受这次颁奖的好莱坞女星。从此，哈莉·贝瑞的演艺生涯从巅峰跌入低谷，然而，她并没有因此而沮丧绝望。

在人生的巅峰时，哈莉·贝瑞不曾得意忘形，同样，处于人生的低谷时，哈莉·贝瑞也未曾一蹶不振。在她心里，就像海浪有波峰与波谷一样，人生也同样有着起起落落。面对人生的低谷，她勇敢地站起来，接受崭新的开始。颁奖仪式之后，记者问她：“你为什么要亲自来领奖呢，难道你不怕出丑吗？”哈莉·贝瑞坦然地笑着说：“作为一个演员，我既要接受观众的赞美，也要接受观众的批评和指责。既然我能高兴地接受奥斯卡的小金人，那么我也应该从容地亲自接受金酸梅的奖杯。”当有人邀请哈莉·贝瑞留言时，她写道：“只有做一个好的失败者，才能成为优秀的成功者。”

大多数时候，生活都不是一帆风顺的，我们应该既能享受成功的喜悦，也能承受遭遇失败的痛苦。其实，失败与成功是一对孪生兄妹，任何时候它们都如影随形，有成功的地方也一定会出现失败的身影；同样的道理，假如我们能够悦纳失败，成功就会如期而至。

生活总是反复无常，给予我们太多的惊吓，如果不能坦然面对失败，又如何能够承受意外的惊喜呢！不管在哪个领域，我们都很难一次就获得成功，只有坦然接受失败，从失败中汲取经验和教训，让失败成为成功的推动力，我们才能距离成功越来越近。在给予成功者鲜花和掌声的同时，我们更要坦然接受失败，不断自我激励，唯有如此，我们才能踩着失败的阶梯不断前进，最终获得成功。

永不言败的心永远不在失败前屈服

人生途中，不管是在生活还是在工作中，每个人都难免要遭遇坎坷和挫折。假如我们一旦遇到不如意的事情就马上怨天尤人，怨声载道，则我们无论如何也无法坦然接纳这些不顺，最终只会导致自己郁郁寡欢，甚至使事情朝着相反的方向发展。那么，面对人生的风雨泥泞，我们应该怎么做才能获得最好的结果呢？那就是不排斥，不抗拒。我们必须意识到，坎坷与挫折是人生的常态，与幸福和快乐一样，它们也理应得到我们的认可和接纳。否则，我们就会陷入自己的心魔中，自己囚禁住自己。

很多身患癌症的病人之所以能够奇迹般地痊愈，就是因为他们不再一味地抵抗癌细胞，而是能够发自内心地接纳癌细胞的存在，与癌细胞和谐共生。很多情况下，其实伤害病人身体的并非是疾病本身，而是与疾病对抗时产生的诸多负面情绪。一旦我们真正想通了，不再因为无法改变的疾病自寻烦恼，而是快乐地度过人生中的每一天，我们就能摆脱疾病，安然享受生活。同样的道理，面对生活中的挫折与坎坷，认输和退缩显然是不可取的，而一味地抱怨与对抗也不是良策。我们应该怀着一颗永不言败的心，把苦难和挫折当成人生的常态，以平常心对待，这样才能更加坦然自若地面对生活，不至于被那些负面情绪影响自己的心境，导致更多的不如意。

尤其是面对失败时，与其一味地沉浸在失败的痛苦和沮丧之中，还不如斗志昂扬，越挫越勇。只要我们坚定不移地面对人生，我们就能最终战胜失败，给予人生柳暗花明又一村的幸运。

史泰龙从小生活在一个不幸的家庭里，他的父亲是个赌棍，一有不如意就会拿妻子和儿子撒气。他的母亲为了泄愤，也变成了一个酒鬼，常常把史泰龙打得鼻青脸肿。正是这样恶劣的家庭环境，最终使史泰龙也学无所成，离开学校变成了一个小混混。直到二十岁那年，整日无所事事、游手好闲的史泰龙突然醒悟："我这样和父亲有什么区别呢，只是社会的渣滓而已。我必须改变自己，我要成功！"从此之后，史泰龙痛下决心，一定要活出个模样来！

然而，他学无所成，不可能成为白领，按部就班地工作；又没有资金支持，也无法经商。思来想去，他觉得演员既不需要高学历也不需要投入资金，一旦成功还能功成名就，因而他当即决定要成为一名演员。对于从未受过任何训练也无天赋的他而言，想要成为演员，路漫漫其修远兮，需要付出极大的努力。然而，既然下定决心，他就不再改变，而是立志勇往直前。

很快，史泰龙来到了好莱坞，寻找各路明星和知名导演，以及制片等，想在他们的推荐下成为演员。事情并不像他想象得那么容易，他一次次被拒之门外，却从未放弃过。他努力寻找自己失败的原因，把每一次遭遇拒绝当成历练。转眼之间，他身上的钱花光了，生活也陷入困顿，他不得不靠在好莱坞做零工养活自己。在短短两年的时间里，他被拒绝了一千多次。他渐渐感到绝望，却依然不忘初心，他暗暗告诫自己："我必须努力，必须成功！”最终他想出了一个迂回曲折的办法，即先写出一个剧本，等到导演看中剧本之后，再要求自己当主演。原本对于演艺圈一窍不通的史泰龙，在两年多的历练中渐渐具备了写剧本的能力，然而在他拿着历时一年多才写好的剧本四处向导演推销时，等待他的依然是无休止的拒绝。在他遭遇无数次拒绝的某一日，一个曾经对他说了二十多次“no”的导演，终于被他感动，决定给他一个机会证实自己。

最终，史泰龙出演的第一集电视剧，在美国创造了最高的收视纪录，从此他一炮走红，成为举世皆知的好莱坞影星。

史泰龙之所以能够在被拒绝无数次之后依然获得成功，就是源于他从未因为被拒绝感到气馁，也没有因此使自己的整个人生都沉沦下去。相反，他越挫越勇，始终不忘记自己最初的梦想，坚持行进在完成梦想的路上，有着让人钦佩的勇气、决心和毅力。也正因为踩着失败的阶梯不断向上，他的努力最终获得回报，他也成为大名鼎鼎的好莱坞明星。

朋友们，人生之中遭遇失败是很正常的，我们唯有端正态度对待失败，才能在失败到来时毫不气馁，不沉沦，而是鼓起勇气再次努力，争取获得成功。假如我们一旦遇到失败就沉沦、止步不前，那么我们的人生将永远也无法得到成功的青睐。总而言之，失败不可怕，只要我们有一颗永不言败的心，我们就能战胜失败，在人生的路上勇往直前！

做一只来自北方的狼

在少数民族的图腾中，狼是一种神秘的图腾，象征着强大的力量和灵性，备受人们的尊崇。不过，自古以来，人们对于狼的评价褒贬不一，很多人崇尚狼的野性和力量，也有人觉得狼是凶残野蛮的。但是，从客观的角度来看，狼即便身处恶劣的环境，也能够顽强地生存，这无疑是值得我们学习的地方。

从小，我们就接受文明礼仪的教育，被教诲一定要安守本分，对人谦让，给人礼待，不要争夺别人的东西，更不要伤害他人。这些方面的教诲和规矩，无疑和狼性相差甚远，也因而这个社会上多了很多谦谦君子，而少了一些勇猛血性的人。时代发展到今天，各行各业、人与人之间的竞争都变得更加激烈，尤其是开展市场经济以来，很多行业都必须依靠打拼才能站住脚，因此，越来越多的人意识到狼性的重要作用，渐渐地，人们开始提倡像一只狼一样在这个时代生存。当然，这并不是说我们要完全像狼，而是说我们应该学习狼身上的闪光点，让自己的生命力更加顽强，能够在恶劣的环境中勇敢地生存下去。

除了顽强的生命力之外，狼也是群体活动的动物。它们总是以族群的形式生存，对于同伴非常忠诚，也正因如此，它们才能在自然界中占据统治地位。很多生活在山里的人都害怕遇到狼，因为狼很少独立行动，一只独狼的身后一定有着强大的团体，如此，它们才能无所顾忌地发动攻击。合作与忠诚，也恰恰是现代社会的职场人士需要的品质。从古至今，大凡成功人士，无一不具备狼的品质。他们不但有狼的勇猛果敢，也有狼的聪明智慧，更有狼的凶猛强悍。

春秋时期，越王勾践在“夫椒之战”中战败，被抓到吴国当人质。为了羞辱勾践，吴王把他派到墓地看守坟墓，在那里喂养马匹。勾践忍气吞声，百依百顺、小心翼翼地伺候着吴王，对于吴王的任何过分举动都不以为然，还佯装出卑微顺从的样子，最终打消了吴王对他的警惕和戒备之心。转眼之间，三年的时间过去了，吴王放下心来，决定放勾践回到越国生活。回到国家的勾践一时一刻也没有忘记亡国之恨，更不曾忘记在吴国受到的点滴耻辱，他拒绝过奢华的生活，而是睡在干草堆上，吃着粗茶淡饭，穿着粗布衣服。为了提醒自己报仇雪恨，他在床头上方悬挂着一个苦胆，每次吃饭前，他都舔一舔苦胆。除此之外，他还经常到民间视察民情，关心民生疾苦。最终，国家在他的治理之下人民安居乐业，渐渐富强起来。

与此同时，勾践加强军队的训练，让军队的力量变得越来越强大。经过十年的卧薪尝胆，国富兵强，勾践感到时机成熟，率领军队打败了吴国，一雪前耻。勾践为了彻底消除后患，拒绝了吴国的投降，最终吴王夫差自杀，吴国成为了越国的领地。

越王勾践卧薪尝胆的故事相信很多人都曾听说过，这个故事自古以来流传至今，也为无数人所传诵。从越王勾践的身上，我们看到了狼性。勾践能够忍辱负重，不忘国耻，在吴国三年始终悄无声息，最终让吴王懈怠，放虎归山。由此一来，勾践也就有了一雪前耻的机会。他心中无时无刻不在牢记着仇恨，也知道唯有卧薪尝胆才能最终实现心愿。为此，他就像一只蛰伏的狼那样，回到越国的十年时间里无时无刻不对吴国虎视眈眈，一直励精图治，粗食布衣，从不让自己懈怠。正是因为有着如此顽强的毅力和坚定不移的斗志，勾践最终才能成就霸业，成功吞并吴国。

现代社会中，我们每个人都生活在钢筋铁骨的水泥森林里，人们的心似乎也变得越来越僵硬，再加上彼此间的竞争日益激烈，所以我们每个人都只有变成一只来自北方的狼，才能突破层层重围，最终实现自己人生的目标。

第 11 章

人生在世，拼过痛过才不枉活

人生在世，如果数十年如一日，难免觉得枯燥乏味，也觉得人生似乎被压缩得只剩下一天。其实，人生就像是一场旅行，最美丽的风景总在途中，最深刻的记忆就是那些曾经让我们哭过笑过的经历。人生一世，不断地在成长中变得成熟，不管命运赐予我们的是幸福还是痛苦，也不管我们面对的是快乐还是悲伤，只有拼过痛过，才不枉人世间走这一遭。

经历是人生之中宝贵的财富

很多人都在追寻幸福的滋味，却始终不知道幸福的真谛到底是什么。确实，人生之中永远都不会只是幸福，大多数情况下，正如月有阴晴圆缺，人生也有喜怒哀乐。有的人祈祷自己一生之中都只有幸福，殊不知，如果生命中只剩下幸福，也就无所谓幸福了。正如在丑的衬托之下美才能更加绚烂夺目，也正是因为有了不幸，幸福才显得那么引人注目，让人倍感欣慰。

其实，不管是不幸的还是幸福的经历，对于任何人而言都是宝贵的人生财富。记得有位名人说，痛苦使人深沉，的确如此，人生要想厚重，就必须经历痛苦的磨难。痛苦会使人在短时间内成熟起来，使人变得深刻。因而我们必须坦然接受人生的各种经历，让它们在时间的沉淀下成为人生厚重的基础，使我们的人生变得深刻凝重。

站在相亲的舞台上，小敏心中满是忐忑。和大多数女孩不同，她不是单身贵族，而是一位单亲妈妈。她曾经有过短暂的婚姻，因为丈夫出轨，她毅然决然地结束婚姻，一个人独自抚养女儿，现在女儿已经五岁了。面对活泼可爱的女儿，她既不想失去自己一生的幸福，也想要给女儿一个完整的家庭，所以才鼓起勇气走上这个舞台。

看着身边的小姐妹一个个地被牵走，她不由得心急起来，也开始质疑自己的决定。在这个时代里，像她这样的单亲妈妈真的能够找到属于自己的幸福吗？就在她的思想开始动摇之际，主持人告诉她：坚持下去，你一定能够找到梦想中的幸福！就这样，她继续执着地站在舞台上，只想有一天能够找到自己的意中人，也有一个人为她而来。如此又过去几个月，终于有一位优秀的中年男士专程为她而来。这位男士同样也有短暂婚史，不过没有孩子。为了打动她的心，男士真诚地说：“我们都是结过婚的人，也一定知道如何才能让自己获得幸福。每一种经历都是人生的宝贵财富，相信懂得珍惜的我们一定不会再错过彼此。”如此真诚而又简单的两句话，让她不由得潸然泪下。她感动地把手伸给男人，说：“希望我们能一生一世地走下去！”

对于有过婚姻的人而言，也许更能够懂得幸福的真谛，更知道让对方和自己获得幸福的方法。相比起很多拿婚姻当儿戏的男孩女孩，这样的经历或许是让人难以忘怀的，且能够给人们的生活带来更多的深刻感悟。很多时候，幸福只是一种感受，与客观的物质条件并无关系，我们唯有哭过痛过，才更知道爱情的可贵，更懂得珍惜婚姻。

活着，永远也不要因为曾经的经历而后悔，也许今天的你看待那段不堪回首的过去时会觉得难以面对，但是明天你就会因为那段经历而更加懂得感恩和珍惜，也因此获得更多的幸福。凡事都应该辩证地看待，人生也是如此。有些经历或许给我们留下了不愉快的记忆，但同时会给我们的人生带来帮助和提升。归根结底，我们只有摆正心态，才能正确对待这些人生经历。

心若年轻，生命就永葆年轻

从婴儿呱呱坠地开始，生命的年轮就开始不停歇地转动着，即便我们梦想着青春永驻，年轮依然滚滚向前，时间如同逝水带走了我们的青春容颜。然而，尽管我们无法决定自己的年龄，但是我们可以决定自己心理上的年龄。众所周知，心理年龄决定了我们的精神面貌，哪怕我们容颜苍苍，也能展现出生命纯真美好的一面。因此，除了需要尽量延缓自然年龄之外，我们更加需要注重提升自己的精神世界，从而使心理年龄永葆青春。现实生活中，我们经常看到很多七八十岁的老人精神矍铄，有些正值盛年的年轻人却丝毫没有精气神，总是神情萎靡不振，终日厌倦。这种现象之所以发生，就是源于老人尽管生理年龄大，心理年龄却很年轻；相反，年轻人尽管生理年龄小，但是心理年龄很苍老，也因此状似迟暮。

现代社会，生存压力越来越大，很多人都注重对身体的保养，却疏忽了心情也是需要养护的。看着那些天真烂漫的孩子，我们不由得要扪心自问："为何赤子之心不再？"孩子们哪怕只是拥有一件简单的玩具，甚至在没有玩具的情况下，也能和小伙伴玩得不亦乐乎，他们的幸福与快乐让人羡慕。然而，随着年龄渐渐增长，欲望越来越强，人们得到很多，快乐反而锐减。究其原因，就是因为人心贪婪，使得生命增加负重，变得沉重无比。很多人都觉得现实社会的烦恼是不可避免的，是成长带来的一系列副产品，根本无法消除。其实，只要我们调整好自己的心态，让自己能够坦然面对人生的得失，怀着赤子之心面对人生的重重磨难，那么终究还是可以重新找回幸福和快乐的。

作为一名销售员，周凯在现在的单位已经工作十年了。十年间，他身边的同事来来去去，已经换了好几拨人，唯有周凯一直坚定不移地做着这份工作，从未因为工作上的得失影响自己的心情。所以他不但工作做得好，生活也丝毫没有受到影响，并不像其他同事那样把工作的压力带到生活中去，最终不堪重负。

今年，周凯获得了提拔和重用，成为销售部的总经理。对于这样的晋升，周凯并没有感受到特别欣喜，他很清楚相应的职位必然要承担起相应的责任，他也因此感到肩上沉甸甸的。新官上任三把火，很快，周凯就让整个部门的风气焕然一新。尽管工作上有所成就，但是周凯与同事之间的关系变得紧张了，他不由得感到心力交瘁。经过一年多的努力调整之后，周凯得到了上司的认可和表扬，也得到了应得的回报。当其他同事问起他是如何保持良好的工作状态和销售业绩时，他笑着说："年轻的心才能拥有年轻的状态，心若年轻，生命也永葆年轻，工作的状态也充满活力！"

在这个事例中，周凯之所以能够保持良好的工作状态，是因为他始终都有一颗年轻的心。很多长时间从事销售工作的人，都会感到疲劳，因而难以保持良好的工作状态。周凯则始终保持年轻的心态，所以无论是在生活中还是在工作中都能够给予自己充足的动力。

当然，人生之中总会有很多事情使我们感到沉重，随着不断地成长和成熟，我们的心也会渐渐地充满人生的负面情绪。在这种情况下，我们必须把负面情绪当成垃圾倾倒出去，才能始终让自己心灵轻松，保持年轻的状态。就像电脑硬盘需要定期清理一样，我们的心也需要定期清理，这样才能保持轻松愉悦，不会因为负担过重导致事倍功半。

热血奔放的青春，让我们享受激情

生活中，常常听到有人说“年轻就是资本”，的确，年轻就是我们的资本，即便犯了错误，也有大把的时间去改正，即便错过了什么，也可以在未来的生命中肆意去追。然而，青春是一条弯弯曲曲的河流，要想汇入大海，必须经过百转千回的弯弯绕绕，才能投入大海的怀抱。在真正流入大海之前，没有任何一条河流知道自己会经历什么，因而只能义无反顾地勇往直前，怀着美好的期盼畅想未来。

时光如逝，人生如同白驹过隙，我们的青春时光，虽然漫长得足以供我们纵情挥霍，却又是那么短暂，短暂得转瞬即逝。在如同热火般燃烧的青春岁月中，有的人茫茫然不知所措，有的人如同飞蛾扑火般燃烧自己，还有的人有理想有规划有实现的行动和勇气……无论怎样，青春就这么无法挽回地过去了，带着我们的梦想，也带着我们的激情。无数的青春时光在经历绚烂的绽放之后，就像烟花灰飞烟灭；也有的青春在燃烧之后给我们的生命留下光和热。青春注定是神奇的，我们唯有热烈地在青春时光里燃烧，才能尽情尽兴地享受青春。

大学毕业之后，小梦和很多同学一样四处奔波找工作。当然，她也和其他同学一样处处碰壁，喜欢的工作不能被录用，被录用的工作自己又不喜欢。这样的情况，足足持续了半年，小梦还是没有找到合适的工作。眼看着时间飞逝，她突然有了一个大胆的设想：自主创业。

之前，小梦大学时就曾在淘宝店做过兼职，因而对淘宝店的开店流程和经营模式都很熟悉。为此，她向父母借了几万块钱资金作为开店的资本，接下来又去浙江义乌的小商品批发市场走了一圈。就这样，一个月之后，她的淘宝店开张了。此时，她的同学们还在各家公司最基层的岗位上奋斗着，而她已经成为了一个真正意义上的小老板。面对同学们的质疑和担忧，小梦无怨无悔地说："青春就是用来燃烧的，我愿意付出自己的热情和全部精力，为我的青春做主！"

转眼之间，几年的时间过去了，今日的小梦早已成为几家淘宝连锁店的老板。在拥有更多的资金之后，她更是大胆地成立了加工厂，专门生产一些婴幼儿用的口水巾、三角巾等利润比较大的产品，后来居然形成了自己的品牌，在淘宝市场上占据了一席之地。

对于年轻的朋友而言，人生总是充满着无限的可能性。他们因为年轻、正值热情似火的年纪，所以不管是对于工作还是事业，都处于最佳时期。在这种情况下，如果白白浪费宝贵的青春时光，无疑是让人感到遗憾的，也会给人生留下缺憾。正确的做法是，趁着年轻，给自己的人生创造更多的机遇和可能，挖掘到人生的第一桶金，或者沉淀人生的经验，为获得成功的人生奠定基础。

也许有人觉得，尽管年轻人都很想创业，但是缺乏资本，以致很多好的设想都付诸东流。其实年轻就是最大的资本，年轻人有足够的时间和勇气，有更多的机会积累经验，至于金钱的资本，无疑是最廉价的资本，反而不是创业的最大阻碍。朋友们，从现在开始让我们努力积累人生的资本吧，唯有如此，我们才能用热血燃烧青春，用激情点燃生命！

年轻，就是勇敢行走的理由

前文讲过，年轻就是资本，就是我们勇往直前拼搏的理由。倘若人生总是止步不前，就会在犹豫不决中白白浪费宝贵的生命，也会使我们的青春变得黯淡无光。毫无疑问，每个人都希望得到他人的认可和肯定，也正因如此，对失败的恐惧心理，使得我们的人生变得畏缩怯懦。人的一生是非常短暂的，如果在胆怯中度过一生，等到回忆时除了遗憾就再也没有值得回味的经历，这岂不是对人生最大的嘲讽吗？

每个人从呱呱坠地到逐渐长大，都经历了无数个第一次。第一次独立吃饭，第一次独自外出，第一次考试不及格，第一次摔跤，第一次遭遇失败，第一次谈恋爱，第一次创业失败……这无数个第一次，构成了我们人生成长的经历，也使我们的人生变得充实厚重。回想起这些第一次，假如没有足够的勇气，没有胆识和魄力，也是很难实现的。既然有第一次成功的喜悦，我们也就必然要面对第一次失败的痛苦和伤心。其实成功和失败总是相对的，有些失败可以给我们带来经验，能够帮助我们提升自我，因而也是具有积极意义的。从这个角度上来说，年轻的人理应勇敢，即使是失败，也能帮助我们提升自己，获得精彩的人生。

任何情况下，失败都不会是最终的结局，当然，成功也是。人生是复杂的，不能简单地以成功或者失败定论，而要辩证地看待，就像对于很多人的评价一样，并非非好即坏，而是需要衡量多重因素和判断标准的。只要我们怀着一颗勇敢的心，肯定能够跨越失败的沟壑，让失败成为我们人生之中独特的风景。

在创业之初，著名的成功学大师卡耐基并非一帆风顺。当年，他在密苏里州举办了一个培训班，是专门针对成人开设的。后来他不停地扩张，把这种培训班开设在很多大城市。为了一步到位，尽快获得成功，他不惜花费重金给自己的培训班做广告，并且每个城市的培训班都需要大量工作人员，要消耗很多办公用品，所以很快他就捉襟见肘了。经过一番仔细核算之后他才发现，自己辛辛苦苦这么长时间，居然入不敷出，非但一分钱没有赚到，反而搭进去很多积蓄呢！为此，原本信心十足、兴致勃勃的卡耐基马上变得沮丧起来，他甚至没有兴趣再关心培训班的事情，每天只顾着郁郁寡欢，闷闷不乐，时间久了，他神情恍惚起来，似乎失去了人生奋斗的方向。

看到卡耐基的状态这么糟糕，他的老师约翰逊不由得着急起来。有一天，他见到卡耐基，直截了当地说："如果失败不能使你更加认清自己，那么你就彻底失败了！"老师的话一语中的，拨开了卡耐基心中的迷雾。他幡然醒悟，开始努力地思考自身存在的问题，并且对于前段时间的工作进行了深刻的反思。最终，他改变了研究的方向，开始集中精力攻克关于人性的问题。经过一段艰苦卓绝的努力，他终于开创并发展出一套独特的成人教育方式，给无数困惑中的成年人带来了福音，帮助他们摆脱了人生的困境和烦恼。卡耐基诸如《人性的弱点》《沟通的艺术》等作品，在世界范围内都受到人们的追捧，风靡全球。

卡耐基的人生经历，显然是非常具有说服力的，毕竟，作为成功学大师，卡耐基曾经帮助无数人拨开心中的迷雾，更加明确了自己的人生方向。其实，卡耐基也是一个普通的人，他在成长和发展的过程中同样也会遇到很多困难，遭遇无数的困惑。和每个人一样，他也唯有进行深刻的自我反省，并且毫不迟疑地勇敢向前，才能走出困境，走上人生光明开阔的大道。

失败并没有什么可怕的，它只是人生的常态，在一颗积极进取的心面前，失败是经验的累积和进步的阶梯。只有能够坦然面对失败的年轻人，才能更加清醒理智地反观人生，从而让自己充满信心地在人生的道路上走下去。

如花绽放的微笑，让你更加动人

常言道，困难像弹簧，你强他就弱，你弱它就强。面对人生的困难，我们必须具有强大的力量，才能成功超越困难，走向人生的顺境。没有人的人生会是一帆风顺的，每个人在生命的历程中或多或少都会遭遇挫折，然而自然界中的万事万物都是此消彼长的，人生也同样如此。假如我们多一些积极乐观，我们面临的人生困境就会相应减少；相反，如果我们总是愁眉苦脸，那么，哪怕是明媚的阳光也会变得黯淡。因而聪明的人总是让自己充满正能量，这样才能减少生命中的负能量，也使他们的人生更加阳光灿烂。

面对人生的苦难，有的人选择悲伤地哭泣，最终陷入绝望的深渊无法自拔，人生也从此黯然失色。相反，有些人则会绽放出微笑，像清晨沾满露珠的鲜花一样明艳动人，朝着阳光的方向一路前行。对于这样的人，困难怎么会不停地纠缠呢！它只能灰溜溜地走开，让人生走向阳光明媚。如果说这个世界上还有什么具有神奇的力量，能够驱散命运的阴霾，那就是微笑。微笑就像阳光驱散乌云一样，能使人生的坏运气消失得无影无踪。

苦难没有那么好心，从来不会因为同情而照顾弱者，只会因为弱者的软弱而更加变本加厉。认清这一点之后，朋友们，你们还会向苦难低头吗？当然是绽放明艳的微笑，让自己在命运的旋涡中更加自信，更加勇敢，更加坚强。

1982年，肖家保出生在永州新田县的一个普通家庭。他从小命运波折，三岁时因为父母离异失去家庭的温暖，四岁时被开水烫伤，导致左腿残疾。他从小就很自卑，更因为他人异样的眼光，深深地知道自己与他人的不同。由于家庭贫困，他虽然以优异的成绩考入中南大学，却不得不辍学打工。面对如此惨淡的人生，肖家保选择了坚强。

年仅十九岁的他带着父亲仅有的积蓄——两百元钱，坐上了去长沙的火车。他懂得维修电子线路，因而虽然腿脚不便，但还是很快在一家手机维修店找到了工作。白天，他辛勤地工作，用笑脸迎接每一位顾客的到来；晚上，他争分夺秒地学习，研究维修手机的各项技术。他暗暗下定决心：我要学一门手艺，将来能够经营自己的事业。2015年，肖家保成功地开了一家属于自己的手机维修店，从此开创了自己的人生。

尽管肖家保的店面不大，只有八个平方米左右，但是他诚信经营，技术也很过硬，所以生意非常好。很多顾客慕名而来，专门找到他位于偏僻小巷中的小小门店，给予他莫大的信任。后来，他通过网络把生意做到了全国各地，很多地方的顾客都把手机快递到他这里进行维修。就这样，日久天长，肖家保那个八平方米的小店，变成了一百八十平方米的大店，他的人生也随着店面的不断扩张而不停地蜕变着。因为事业上的成就，肖家保充分展示出自己的能力和人格魅力，最终他的爱情和事业一样获得了丰收，如今的他已经拥有了幸福的三口之家。这么多年来，不管遭遇多少坎坷，肖家保始终微笑以对。不得不说，肖家保用微笑赢得了属于自己的人生。

在面对人生的厄运时，如果肖家保始终郁郁寡欢，愁眉苦脸，那么他一定无法获得今日的成就。归根结底，命运只会青睐那些积极乐观的人，尤其是面对困厄依然展现微笑的人。因为他们的内心必然充满着真善美，也值得得到最好的回馈。

在痛苦之中，我们挂在脸上的微笑就像是一粒希望的种子，只要希望在我们心中，人生就不会过于苦涩。面对人生的诸多磨难，我们唯有把痛苦转化成绽放在脸上的微笑之花，才能拥有面对人生最美好的妆容。

稀释痛苦，人生才能悄然绽放

记得曾经有人说过，把快乐和朋友分享，快乐就会变成双倍的；把痛苦和朋友分享，痛苦就会减半。其实，在漫漫人生路上，很多人都会遭遇痛苦的经历，有的时候可以与朋友分担，有的时候则只能一个人默默吞咽。当无人诉说或者无人分担时，我们也可以采取稀释痛苦的方式，帮助自己减轻痛苦，满怀希望地面对未来。如果我们一味地沉迷于痛苦之中，痛苦就会使我们陷入绝望的深渊，无法自拔，更无法自救。

很多人都喜欢玫瑰花，因为玫瑰花娇艳欲滴，色彩艳丽。然而，玫瑰花虽然漂亮，却长着又粗又长的刺，让人在欣赏它美丽的同时，也担心被刺扎伤。那么，难道我们因为害怕刺，就放弃欣赏玫瑰花的美丽吗？明智的人不会作出这样的选择，就像人们不会因噎废食一样，人们也不会因为可能发生的小小伤害，就放弃对美的喜爱和追求。

如果没有粗壮的枝干，没有又粗又长的刺，也许就没有美丽的玫瑰花。正是因为枝干为玫瑰花提供了充分的养料，刺最大限度地保护着玫瑰花，所以玫瑰花才能绚烂绽放。对于人生而言，痛苦也恰恰起到这样的作用。从某种意义上来说，痛苦是孕育人生的养料，正是在痛苦的滋养之下，人生才能如花般绽放，变得更加充实厚重。

对于大自然中的每一种生命而言，造物主都是非常公平的。它给予生命更多的馈赠，也必然让生命付出更大的代价。同样的道理，也许我们此刻正在遭遇命运的挫折和磨难，但这也恰恰意味着我们会得到造物主的馈赠。所以，面对人生的痛苦，我们理应学会稀释，让痛苦变得可以承受，让生命变得更加厚重丰盈。

很久以前，有个孤儿跟随深山里的一位教书先生读书识字。和他一起学习的，还有村子里的其他孩子。每到傍晚时分，父母就会来接孩子放学回家，而这个孤儿无家可归，只能和先生一起住在深山里。

一个傍晚，看着同学们都被接走了，孤儿愤愤不平地抱怨：“为什么他们都有爸爸妈妈，只有我没有呢？难道我做错了什么，所以才会被整个世界抛弃吗？”先生看着孤儿扭曲的小脸，一句话也没有说，而是端来一杯水，又把一勺盐倒入水里，递给孤儿喝。孤儿只喝了一小口，就紧紧皱起眉头，说：“太难喝了，又苦又涩又咸。”先生笑了，一语不发地牵起孤儿的手，端着水杯，带他走到门前的小河边，把水杯里的水倒进河水里。然后，他又用空杯子舀起一杯河水，递给孤儿喝。孤儿喝了水，先生问："现在味道如何？"孤儿疑惑不解地说："不苦不涩也不咸了。"先生笑了，说："那杯水之所以难喝，是因为水太少，盐太多。我们把它倒进河水里，满满的河水就把它稀释了，因而显得不苦不涩也不咸。人生的痛苦也是如此，假如我们只是盯着痛苦，痛苦就会被放大，使得我们的人生更加不幸。相反，假如我们学会稀释痛苦，那么痛苦就会变得微不足道，且不会给我们的人生带来太多的困扰。"孤儿认真听完先生的话，若有所思地点点头。

在这个事例中，孤儿看到其他同学都有父母、有家，因而心中悲苦。在先生的指点下，他意识到，要想减弱痛苦，就要学会稀释痛苦。其实，生活中除了痛苦之外，还有很多值得我们高兴的事情。我们应该学会发现生活的美好，而减轻生活的痛苦，这样才能尽情享受人生的幸福和快乐。

每个人在一生之中都会时不时地面临痛苦，承受痛苦。在这种情况下，一味地逃避并不能使痛苦消失，总是盯着痛苦又会让自己更加烦恼，最好的办法就是稀释痛苦，把痛苦放到人生幸福的大背景之下，痛苦也就不再那么难以承受。

宝剑锋从磨砺出，梅花香自苦寒来

古今中外，有很多诠释痛苦的语言，让我们意识到痛苦是生命中宝贵的财富，能够让我们更加珍惜生命，厚待生命。然而，别人的痛苦终究是别人的，即便我们再怎么设身处地，也无法真切地感受到他人痛苦的滋味。只有当我们真正经受痛苦时，痛苦才会给我们带来深刻的人生感悟，使我们的人生有了与众不同的领悟和体验。

宝剑锋从磨砺出，梅花香自苦寒来。小小毛毛虫在成茧之后，才能破茧成蝶，飞到空中；顶风傲雪的腊梅，也只有在经历严寒之后，才能在风雪之中绚烂绽放。任何美丽的蜕变，都需要经历漫长而又痛苦的过程，即便是人生，要想获得新生，也必须经历重重磨难。

民间有句俗话，穷人的孩子早当家。这句话告诉人们，穷人家的孩子因为在小时候遭受了生活的磨难，所以更加懂得珍惜生活，往往能够在长大成人之后拥有美好的人生。与此相反，民间还有句俗话，叫富不过三代。通常情况下，富贵人家的孩子因为从小衣食无忧，不懂得生活的艰辛，所以不懂得珍惜来之不易的生活，因而导致家道中落。尽管这并非绝对，但是具有一定的代表性，由此不难看出，接受生活的磨难才能更懂得珍惜生活。因此，明智的父母在养育孩子的过程中，绝不会对孩子百依百顺，而是会刻意地让孩子领略生活的艰苦，这样才能帮助孩子树立正确的人生观念。此外，自然界里有很多动物，对待幼崽时都会有意识地提升幼崽们面对磨难的能力。细心的人总能从大自然中得到人生的启迪，并更好地把握好自己的人生。

很多动物在幼崽出生之后，都会马上低头寻找幼崽的位置，并且用舌头舔干净幼崽身上的污渍，然而长颈鹿妈妈却不是这样的。当千辛万苦地产下小长颈鹿，长颈鹿妈妈在耐心等待片刻之后，会马上抬起自己强壮的长腿，把小长颈鹿踢得腾空翻转，使其四肢朝下摊开。倘若小长颈鹿此时不能马上站立起来，长颈鹿妈妈就会毫不留情地重复这个简单粗暴的动作，直到刚刚睁开眼的小长颈鹿成功站起来为止。

由于小长颈鹿刚刚降临世间，非常孱弱，因而难免力气不足、无法站起来，甚至还会疲倦地趴在地上，不愿意继续尝试。这种情况下，长颈鹿妈妈一定毫不犹豫地继续踢它，迫使它在成功站立之前不停地努力。待小长颈鹿以颤巍巍的四肢站起来，长颈鹿妈妈又会做出更让人惊讶的举动——突然伸出长腿再次把小长颈鹿踢倒。长颈鹿妈妈到底要干什么呢？原来，她想让小长颈鹿在不断练习站起来的过程中，记住如何才能站起来。在危机四伏的大森林里，如果长颈鹿不能在危急情况下以最快的速度站起来，就无法顺利逃生，摆脱危机。所以，长颈鹿妈妈此刻的残忍，恰恰是为了小长颈鹿日后的安危着想。

现实生活中，有很多父母对待孩子毫无原则的溺爱，远不如长颈鹿妈妈的爱更加理智！殊不知，对于孩子一味地溺爱，把孩子长久地庇护在父母的羽翼之下，不但会让孩子失去基本的独立生存能力，也会使孩子变得依赖父母，最终无法立足于社会。真正爱孩子的父母，会像长颈鹿妈妈一样训练孩子的生存能力，让孩子在失去父母的保护之后也能独自生存得很好，这才是教给孩子最宝贵的知识和技能。

温室里的花朵因为生活得太过安逸，丝毫经不起风吹雨打。人，如果也变得如同温室里的花朵那么娇嫩，就会经不起任何挫折和磨难。人生一切的成就都不会是凭空得来的，唯有坦然面对磨难，我们最终才能华丽蜕变，让自己的人生绚烂绽放。

第 12 章

世界这么大，你要勇敢做自己

每个人对于自己的人生都有一番热烈的渴盼和憧憬，即使我们的梦想不能实现，即使我们的成就无法得到每个人的认可，我们也依然要勇敢地力挺自己，相信自己是最棒的。这样的人生，才是最美好而又坚实的人生，这样的人生才能如鲜花般绽放，绚烂多姿。世界是五彩斑斓而又多姿多彩的，任何情况下，我们唯有做好自己，才能面对世界，赢得未来。

悦纳自己，才能拥抱人生

现实生活中，有很多人都无法悦纳自己，反而对于自己有着各种各样的不满意。在这种情况下，他们如何能做到自信地面对人生呢？他们的人生自然也会由于这份自卑和不满变得黯然失色。这样的结果，显然每个人都不愿意看到。其实，每个人都是这个世界上与众不同的个体，我们首先应该认可和接受自己，这样才能欣赏自己，从而做到最大限度地发挥自己的主观能动性，拥有属于自己的精彩人生。

一个人如果整日对自己感到不满，还经常因此眉头紧皱，怨声载道，则整个人都会充满怨愤的气息，导致自己郁郁寡欢，由此产生的负能量也会影响他人的正常生活，从而给他人带来消极的不良影响。不难看出，他人必然对于我们传递出的负能量有所感觉，也会因此对我们产生不好的印象，直接影响正常的生活。从某种意义上来说，悦纳自己带给我们的是积极正向的能量，恰恰能够帮助我们驱散生活和工作中的阴霾，使我们始终保持乐观向上的心态，从而使整个生活都变得阳光明媚起来。

著名的女作家吴淡如曾说，每个人心底里都有一首歌，专门唱歌自己听，愉悦自己，而不在乎是否能够得到他人的掌声。然而，现实生活中有多少人能够专心致志地唱好心底里的这首歌呢？大多数情况下，人们唱歌时都会想要得到他人的认可和欣赏，也由此产生了更多的烦恼。如愿以偿是欢喜，不能如愿则是悲哀。倘若我们能够改变心态，专心致志地做好自己，凡事都只求心安，那么我们一定能够接纳自己，面对人生的种种不如意时，也会因此少了许多烦心事。

很久以前，有位年轻英俊的王子，是个驼背，为此他苦恼不已。为了治好自己的驼背，他四处求医问药，却不见成效。看着他越来越自卑，甚至再也不愿意出现在公众的面前，国王不由得焦急起来，特意求教王国中最明智的哲人。哲人思来想去，给国王出了个主意。

国王找到全国大名鼎鼎的雕塑家，请他为王子做一个雕像，只不过背是直的。王子的雕塑英俊潇洒，脸上神采飞扬，没有丝毫阴霾。看到这尊雕像之后，王子突然间感慨落泪，国王抓住机会说："只要你想，你也可以这样。"后来，王子时刻注意纠正自己的驼背，过了半年时间，很多见到王子的人都说他的腰杆挺直了，王子也更有信心。如此过去几年的时间，王子在一天清晨起来照镜子时，发现自己居然真的和雕塑一样，腰杆挺直，身材挺拔。

作为美国历史上大名鼎鼎的总统，林肯才华横溢，但是他没有英俊的相貌，反而堪称丑陋。为此，那些别有用心的政客常常以此为由攻击他，有一次，一个政敌居然公开辱骂林肯："你长得这么丑陋，简直让人不忍直视。"林肯丝毫没有生气，而是笑着说："先生，你很荣幸，很快你就会发现自己因为辱骂一位伟大的人物而家喻户晓。"

在第一个事例中，王子因为雕塑的激励和不断提醒，最终实现目标，让自己的身形变得更加挺拔。这样的改变并非源自他一贯以来的自卑，而是因为他看到雕塑之后产生的自我认可和赏识。第二个事例中，尽管政敌的攻击十分卑劣，但是可以验证一个事实，那就是林肯的确很丑。然而，林肯从未因为自己相貌丑陋感到自卑，反而悦纳自己，尽情发挥自己的才华，从而使自己获得了长足的发展。

朋友们，每个人都有自己的优点和缺点，任何时候都不要一味地盯着自己的缺点，而是要尽量发掘自身的优点，唯有如此我们才能做到客观公正地评价自己，从而不断提升和完善自己，让自己获得精彩绚烂的人生。

艰难的时刻，不如勇敢承诺自己

人生总会遭遇重重困境，每个人在艰难的时刻都希望得到他人的帮助，然而更多的时候我们只能依靠自己。外力的帮助只能暂时缓解困难，要想彻底解决问题，我们唯有勇敢地承诺自己。这种时刻，不如大胆一些，正所谓“人有多大胆，地有多大产”，尽管这是特殊的历史年代提出的不切实际的口号，但是也从不同程度上给予了人们更多的渴望和动力。

承诺，就像是暗夜中的一盏明灯，照亮我们前行的路；承诺，也像是漫漫人生路上的灯塔，永远为人们指明方向。只有勇敢地给予自己承诺，我们才能给予自己希望，也给予自己不断拼搏的信心和勇气。

在一家知名酒店的公开招聘中，一个名叫黎明的年轻人通过竞聘进入酒店，负责为客人们推送行李。每天，酒店里的人群川流不息，其中不乏知名人士。有一次，一位大明星入住这家酒店，黎明为明星提着两个沉重的行李箱，气喘吁吁，但是内心很自豪。他暗暗想道：“既然他们能够住到这样高档的酒店里，总有一天我也要在这附近拥有自己的一套房子和一辆车。”当黎明偶然和同事说起自己的梦想时，同事不由得哈哈大笑起来：“你简直是白日做梦！这里寸土寸金，在这里买房可不是普通人敢想的啊，更别说是咱们这样的打工仔了。”尽管遭到同事的嘲笑，但是黎明并没有放弃自己的梦想，他时刻牢记着对自己的承诺。

在酒店工作两年之后，他辞掉了工作，开始自己创业。他先是承包了一家不起眼的饭店，苦心经营，每年净赚十几万，这可比在酒店打工强多了。后来，他又承包了一家农家乐，不但圈地养殖各种山珍，还为客人提供有特色的农家饭菜和娱乐活动，尽管前期经营不太顺利，但是他始终牢记梦想，也记着对自己的承诺，最终把农家乐办得有声有色。过了十几年，他渐渐觉得疲惫，也不想每天都面对嘈杂的生意，因而开始转行开茶艺馆。刚开始时，茶艺馆生意冷清，眼看自己辛苦挣来的钱财每天都在缩水，黎明并没有气馁，而是坚持不懈，想尽各种办法拓展生意。之后，随着差异市场的启动，万事俱备只欠东风的黎明，把茶艺馆开办成独具特色的高档休闲娱乐中心，还拥有了属于自己的演艺团队。就这样，黎明过上了自己想要的生活，不但有了豪车，而且在寸土寸金的市中心买了好几套属于自己的房子。

有一次，黎明为接待客人，来到此前工作的高档酒店安排酒菜和住宿，却发现当年那个嘲笑他的同事如今还在酒店里给客人提行李呢！

每个人都是这个世界上独一无二的个体，这一点毋庸置疑。无论我们的出身是高贵还是卑微，也不管我们此刻是一贫如洗还是腰缠万贯，任何时候，我们都要做到客观评价和衡量自己，这样才能充分挖掘自身的潜力，拥有精彩的人生。

很多时候，我们会慷慨大方地给予他人承诺，然而，轻易许出的承诺总是很难兑现。因此，我们在作出承诺时，一定要进行慎重的思考，这样才能信守诺言。在艰难的情况下，我们要给予自己承诺，此时的承诺就像是阴霾生活中的一缕缕阳光，帮助我们找回自信，变得坚强。总而言之，给自己一个承诺吧，相信结果一定不会太差！

走自己的路，让别人说去吧

每个人都有属于自己的人生之路，也由于每个个体的独特，导致人们的人生之路是截然不同的。由此类推，我们的失败与他人不同，我们的成功也必然与他人不同。在这种情况下，要想成就人生的精彩，我们必须找到属于自己的人生之路。尽管人们常常需要从他人的成功历程上寻找经验，也同样需要踩着他人搭建的成功阶梯不断向前，但是我们依然要时刻关注自身的实际情况，从而为自己找到最佳的成功之道。

不管是生活中还是工作中，有很多人都喜欢重复他人的成功，似乎只要把他人的模式照搬过来，就能够马上找到捷径，距离成功越来越近。殊不知，成功没有捷径。人们总是轻易放弃自身的很多本质和特色，最终变得不伦不类，贻笑大方。纵观古今中外，大凡能够成就自身非凡之人，无一不是能够坚持真我本色，并能够在时代的滔滔洪流中给自己精准定位的人。要记住，成功没有捷径，人生也没有捷径，当我们在不断尝试的过程中发现进展不顺时，不如改变路径，给自己的人生一番新天地，也许会有意外惊喜的发现呢！

作为著名的电台广播员，莎莉·拉斐尔在三十年的职业生涯中，曾经十八次被辞退。对于一个职场人士而言，这件事让人难以接受，然而她每次都毫不沮丧，而是把自己放在更高的起点上放眼眺望，对自己提出更高的要求，并坚定不移地选择自己的人生之路。

最早开始找工作时，莎莉·拉斐尔不止一次被拒绝，很多电台都觉得女性不能吸引听众，因而他们更加倾向于聘用男性广播员。后来，她好不容易才在纽约的一家电台找到工作，但是不久就因为跟不上时代被辞退了。对此，她从未沮丧，更没有放弃希望，而是不停地总结失败的经验，最终向美国国家广播电视台抛出了橄榄枝。她设计了一档很好的倾谈节目，并且将其成熟的构思展现给电视台。最终，她虽然勉强得到电视台的聘用，却又被强制要求主持政治类节目。尽管她对政治一无所知，但是为了得到这个千载难逢的好机会，她依然决定试一试。最终，她凭借着对主持广播工作的了解和熟悉，针对即将到来的美国国庆节畅所欲言，还让观众也参与到互动中来，最终让这个节目一炮走红。如今，尽管她已经成为大名鼎鼎的电视节目主持人，还曾经获得很多与主持工作相关的奖项，但是她依然没有忘记曾经遭遇的厄运。她总是感慨地说："不管前进的道路多么坎坷和挫折，作为一个被辞退多达十八次的播音员，我只想做我自己，也只想坚持自己的道路。只要信心坚定，义无反顾，一切阻挠最终都会成为源源不断的动力。"

可以说，莎莉·拉斐尔是一个非常自信的人，尽管她遭遇了十八次辞退，但是她始终坚定不移地行走在人生的道路上，从未放弃过自己的理想和追求。也正是因为这一次又一次的坎坷和挫折，她才能越挫越勇，最终成为著名的节目主持人。

实际上，每个人都有属于自己的人生道路，这些道路有的时候是我们自己主动选择的，有的时候则是我们不得不接受的。走好并且走出一条属于自己的人生道路并不难，难的是坚持不懈，持之以恒。尤其是在遭遇坎坷挫折的时候，很多朋友会选择轻易地放弃，然而这并非通往成功的捷径，它会使我们前功尽弃，最终白白浪费宝贵的人生光阴。明智的朋友会慎重思考和选择自己的人生道路，一旦选定，就会坚定不移地继续走下去。唯有如此，我们才能在漫长而又曲折的人生之中看到希望的光芒，寻找到获得成功的路径。

南辕北辙永远也不能到达终点

人生如同白驹过隙，弹指一挥间，又如同漫长的旅程，长得似乎看不到终点。其实人生的长短取决于我们的心境，假如我们觉得人生都是顺境，且非常快乐和幸福，那么光阴似箭，人生就会纵穿而过。相反，在遭遇坎坷挫折的时候，在自以为扛不过去的时候，人生就变得非常煎熬，甚至让人觉得度日如年。在这种情况下，人生是需要“熬”的，一关一关地熬过去，人生也就到了白头。由此可见，人生时长时短，时而幸福快乐时而艰难挫折，我们必须非常努力，才能最大限度地发挥自己的能力，成全自己，成就人生。

既然人生是一场旅行，我们就要注意确定人生的方向。很多人都曾听过南辕北辙的故事，故事里的主人公本应往南走，他却偏偏往北走，结果他距离目的地越来越远，这样的无用功简直是在浪费生命。在人生的过程中也是如此，我们每个人都有人生的方向，也有心的归属，一旦确定了目标，我们就要找准方向，这样才能朝着目的地飞奔而去。否则，即便我们能力很强，能够健步如飞，也只会导致我们距离目标越来越远，根本于事无补。

作为美国的石油大亨，洛克菲勒十六岁那年只是一家杂货店的职员，他每个星期只能领取微薄的薪水——五美元。到了十九岁那年，洛克菲勒决定下海经商，先从倒卖肉类食品和谷物开始。为了详细记录下做生意的情况，他每天都辛辛苦苦地记账，从不放过任何一笔细小的开支。二十三岁时，洛克菲勒把人生最远大的目标定义为挣钱，拥有财富。就这样，他从此之后再也没有因为生活上的任何事情高兴过，只有当生意上赚钱了，他才能感到片刻的开心。曾经，他为了损失一百五十美元而郁郁寡欢，最终生病；为了节省金钱和时间，他从来不参加宴会，更不会进行任何娱乐活动。很多人都很痛恨洛克菲勒，觉得他唯利是图，他甚至还为了钱与亲弟弟反目成仇。为此，他渐渐变得眼里只有钱，也变得性情冷漠，性格孤僻，对人毫无信任可言。

在放弃一切的情况下，他终于在三十五岁那年赚取了人生中的第一桶金——100万美元。又过去八年，他在四十三岁时首创世界上的第一家垄断企业——标准石油公司。当人生又一个十年过去，他因为长年累月积劳成疾，精神紧张，导致身体健康急剧恶化，他不得不退出工作岗位，休养生息。正是这段休息的时间，让他意识到自己失去了人生之中最宝贵的，诸如健康、亲情、爱情和友情。彻底顿悟的他不再执着于金钱，而是慷慨解囊，把自己毕生所得都贡献出来造福于他人。他真心诚意地帮助黑人，资助建立了举世闻名的芝加哥大学，还成立了自己的基金会，帮助全世界的人摆脱无知和疾病。在奉献的过程中，他感受到从未有过的幸福和快乐，也得到了世人的交口称赞。最终，曾经在五十三岁那年就被宣判死刑的他，居然心情舒展，活到了九十八岁。不得不说，洛克菲勒五十三岁之后的四十五年人生，使他找到了人生真谛，也是他顿悟之后的收获。

在漫漫的人生路上，人们总是希望得到更多，然而欲望是永无止境的，尤其是对于金钱和物质的欲望，往往会让我们迷失本性，再也难以找回自己的初心。洛克菲勒是幸运的，因为身体敲响警钟，他最终决定于五十三岁退休，并开始反思和回顾自己的人生。当他找到真正属于自己的人生之路时，他的人生变得方向明确，他也因此从金钱的奴隶变成了金钱的主人。当然，我们都只是普通人，根本没有能力像洛克菲勒一样拿出很多来帮助世人，但是我们至少应该从洛克菲勒的身上得到启示——也许我们今日忙忙碌碌的所得，并非我们真正的需要。与其庸庸碌碌地度过一生，不如从现在开始真正感受生活的真谛，领悟自己发乎本性的需要。

人生抑或短暂，抑或漫长。我们唯有真正洞察自己的内心，了解和认识自己的内心，才能找到人生的正确方向。路都是人走出来的，只要方向正确，即便路途遥远，只要我们坚持不懈，持之以恒，总有一天能够到达目的地，找到真正的心灵归属。

做生命的主宰者，傲视一切磨难

每个人在一生之中，都会或多或少地遇到磨难。这些磨难以形形色色的面目出现，常常让人措手不及，强者在对抗磨难的过程中变得更加强大，弱者却在对抗磨难的过程中变得无比脆弱。其实所谓的强者和弱者之间最重要的区别，就是强者能够驾驭命运，成为人生的主宰，而弱者在命运的挑衅和捉弄面前只能忍气吞声，步步退让，直到最后变得无比怯懦自卑，人生也再无自信可言。

真正的强者是命运的主宰者，他们从来不甘心被命运折磨，而是始终迎着命运的狂风巨浪前进，宁愿承受失败的挫折，也不愿意被动地等待命运的赏赐。尤其是在遭受磨难时，他们从来不会像弱者一样喋喋不休地抱怨，因为他们很清楚，与其花费宝贵的时间毫无意义地抱怨，不如从现在开始努力想办法解决问题，哪怕失败了也比止步不前更好，至少还能收获宝贵的经验。

作为世界上绝无仅有的用假腿走钢丝的人，安吉尔得到了全世界的瞩目。人们很难相信，究竟是怎样的力量，支撑着这个曾经动过四次手术并且失去右腿的女人再次勇敢地站在钢丝绳上。1987年8月，安吉尔因为生病进行了相关检查，最终发现右腿踝骨患了癌症，必须从膝盖以下截肢。对于一个把走钢丝当成毕生事业的人，这样的打击无疑是非常沉重的，但是安吉尔丝毫没有退缩，更没有绝望。在手术四个月之后，身体刚刚恢复的她就用假肢走钢丝，并且获得了成功。然而，命运的魔爪并没有放过这个坚强而又美丽的女人，在此之后的短短几个月里，安吉尔又被查出肺癌，并且进行了两次手术，把两个肺叶都切除了一半。第二年，安吉尔以顽强不屈的精神，又同丈夫一起练起了走钢丝。经过艰苦卓绝的锻炼之后，她再次独自站在钢丝绳上，进行走钢丝表演。

然而，刚刚过去七个月后，安吉尔就被检查出肺癌扩散，已无法医治。医生很担心她无法经受如此沉重的打击，没想到安吉尔得知真相后平静地说："我不想治疗了，我想回家，利用人生最后的光阴做些有意义的事情。"此后，安吉尔离开医院，撑着病弱的身体，依然奋战在杂技舞台上，给人们带来欢乐。

对此，安吉尔说，我只想告诉孩子们，不要抱怨生命中的失去，更不要被动地被命运摆弄，我们唯一要做的就是运用自己所拥有的东西，给自己和他人带来快乐。

安吉尔朴实无华的话语告诉我们，人生总是要失去的，但是我们要成为命运的主宰，不要因为那些失去而一蹶不振，要运用我们自身拥有的一切创造幸福快乐的生活，给他人带来光和热。正因为有如此高尚的思想和人生觉悟，安吉尔才能拖着病弱的身体继续为人们带来欢声笑语，并以身作则，告诉孩子们，生命不息，奋斗不止，任何时候都要成为命运的主宰，主动积极地生活。

看看那些成功者，他们无一不是生命的驾驭者。不管命运对待他们多么残酷，他们始终坚强乐观，始终保持积极的心态。其实，很多时候我们的命运就握在自己的手中，心态的好坏也直接决定了我们的人生。唯有保持积极乐观的心态，我们才能不向命运屈服，勇敢迎接挑战，如果始终唯唯诺诺，我们又怎么可能拥有成功的人生呢！以不变应万变，历来是高明的处世之道，以积极乐观的心态面对变幻莫测的外部世界，也是极高明的人生之道。朋友们，让我们驾驭人生之舟破浪前行吧，只要我们心里有着不灭的希望之光，我们的人生就会永远充满希望！

做好分内之事，不要对他人指手画脚

每个人都有自己的义务和责任，也有自己的权利；倘若没有承担义务与责任，权利也会随之调整，甚至被彻底剥夺。现实生活中，很多人总是操心别人的事情，甚至因此而忘记了自己的人生也是需要花费时间和精力去精心设计和规划的。最终，他们非但没有看成别人的笑话，反而荒废了自己的人生，在指手画脚之中变成了最大的笑柄。

虽然明哲保身并非多么高明的待人处事之道，但是很多时候我们的确应该划清自己与他人的界限，把有限的时间和精力花费在自己身上，这样收获才会更多。尤其注意不要对他人的事情指手画脚，否则就会白白浪费时间和精力，并因此导致人际关系恶化，可谓得不偿失。

很久以前，有位老和尚在春天到来时，给三个小和尚每人一些种子，还分别给他们划定了土地，让他们在未来的时间里展开竞赛，看看谁的地里更加硕果累累，收获满满。小和尚们一听可以种地，个个兴高采烈。

很快，三个小和尚都把种子种到了地里，十几天之后，大师兄的地里长出了麦苗，二师兄的地里长出了玉米苗，小师弟的地里则毫无动静，就像从未种过一样。看到小师弟如此懒惰，大师兄和二师兄不由得暗暗嘲笑小师弟："小师弟啊小师弟，你太拿师父的话不当话了。难道你不知道师父言必出行必果吗？等到收获的季节，你一定会很惨的。"想到小师弟一定是那个受罚的人，大师兄和二师兄不由得得意扬扬，谁也不认真种地了，更没有按时给小苗浇水施肥，就这样，虽然刚开始时他们的地里郁郁葱葱，但最终那些秧苗都变得干巴巴的，眼看就要枯死了。

转眼之间，秋天到了，大师兄和二师兄的地里尽管收获了一些麦子和玉米，但是看起来都很干瘪，一看就是没有用心的结果。这时，小师弟的地里却挖出了很多又大又新鲜的红薯，一看就很水灵，也很好吃。这时，老和尚意味深长地对三个小和尚说："种地和修行一样，必须全心全意才能有所顿悟，三心二意是不可能有好收成的。你们懂了吗？"大师兄和二师兄惭愧地低下头，一语不发。

在这个事例中，大师兄和二师兄见小师弟的地里毫无动静，都不停地嘲笑小师弟，也因此认定小师弟必然受罚，所以他们全都放松下来，谁也不愿意花费大力气种地了。在这种情况下，小师弟却一直不忘师父的叮嘱，专心致志地侍弄躲在泥土下面的种子，最终获得了好收成。

人生也是如此，每个人都有属于自己的种子和土地，我们绝不能把种子撒进地里就不管了，最重要的是善待种子，付出时间和精力照顾，才能使其生根发芽、开花结果。人生中的每一件事，无论是简单的小事，还是复杂的大事，都是人生这片土地上的种子，我们只有用心对待人生，才能得到人生的丰厚回报。

选择要明智，放弃要决绝

很多心灵鸡汤都告诫人们千万不要轻易放弃，甚至告诫人们永远不要放弃，一定要坚持不懈。其实，这种理解是相对而言的。更多的时候，不放弃是激励人们要有勇气，也要有毅力，而并非告诉人们在任何情况下都决不放弃。明智的人生是善于取舍的，当一个人只会盯着一个目标不放手，而无视现实的情况，最终一定会非常被动。相反，假如一个人在人生之中能够以发展的眼光看待问题，并能根据实际情况随时调整自己的选择，那么人生就会变得更加灵活机动，能够随时随地作出良好的决策。

人在一生之中，总要面对很多次选择。有些选择是被动的无奈的，有些选择则是主动的积极的。当人生之中积极的选择越来越多时，也就意味着人们占据了人生的主动，成了命运的主宰。反之，假如人生之中多是消极悲观的选择，人生就会黯然失色，更会导致人生的懈怠。在面对诸多选择时，过分地优柔寡断、迟疑不决会导致错失良机。明智的人能够在综合考虑各方面情况之后，及时准确地作出决断，如此一来，当然也就能够把握好人生。与选择相对应的，在必要的时候，我们还要学会放弃。很多人一旦得到，就不愿意放弃，甚至为了未曾得到的东西瞻前顾后。殊不知，对于放弃而言，最重要的就是决绝。我们唯有决绝地放弃，才能快刀斩乱麻，帮助自己从艰难的处境中抽身而出，集中精力和心智面对未来的生活。

很多时候，失去看似是失去，实际上却是一种得到。例如，我们失去了青春，却得到了人到中年的厚重丰盈；蜡烛燃烧了自己，却给他人带来了光和热，也得到了人们的赞誉。由此可见，人生的快乐并不只在于得到，失去也会带给我们快乐，帮助我们实现人生的目的。

英国首相丘吉尔小时候非常顽皮，有一次差点掉进河里淹死，幸好一个叫佛莱明的农民路过救了他，才挽回了他的生命。在把丘吉尔送回家之后，佛莱明就默默离开了，并没有做出什么表现自己的举动。第二天，丘吉尔的父亲知道了这件事，马上驾驶马车带着重金赶到佛莱明家里，想要感谢佛莱明。

看到一辆马车停在自家门口，佛莱明非常吃惊，他想不起来家里有如此显贵的客人。当听到丘吉尔的父亲说明来意之后，佛莱明接受了谢意，但是坚决拒绝接受任何馈赠。他说："我救人不是为了得到酬金，而是因为这是每一个有良知的人都会做的。"丘吉尔的父亲非常尊重佛莱明，为此他思来想去，提出了一个建议："佛莱明先生，既然您不愿意接受任何酬劳，我想您应该愿意让小佛莱明去我的家里，和我的儿子一起生活，让他接受最好的教育，未来也能有所作为，您觉得怎么样？”面对这样的提议，佛莱明无法拒绝，因而欣然接受。最终，小佛莱明果然不负父亲所望，在科学道路上不断进取，并且因为发明青霉素而获得了诺贝尔奖，闻名世界。

对于贫穷的佛莱明而言，拒绝丘吉尔父亲的酬金，显然是一个明智的决定，也正因为如此，他才能够赢得丘吉尔父亲的尊重，为儿子小佛莱明赢得了另一个机会。然而，让小佛莱明去丘吉尔家生活，显然要放弃很多他们父子亲密相处的宝贵机会，对此，佛莱明作出决绝的舍弃，欣然接受了丘吉尔父亲的建议。从此，小佛莱明过上了不一样的生活，也接受了更好的教育。对于佛莱明而言，儿子的成就是任何回报和馈赠都无法比拟的，也是对他舍弃父子亲密相处时光的最佳回报。得失之间，明智与决绝顿现。

实际上，没有人的人生能够一帆风顺，我们在面对选择时一定要明智，千万不要因为任何外界的原因就放弃自己的原则，在放弃一些东西的时候要决绝，不要因为优柔寡断错失良机，更不能因小失大。总而言之，人生处处皆学问，我们必须不断成长，才能拥有属于自己的精彩人生。

第13章

想变得优秀，就要像优秀的人那样思考

很多人的成功也许的确是因为运气好，然而更多人的成功却是因为拥有优秀的习惯。所以，作为普通人的我们，如果想要变得优秀，首先就要像优秀的人那样思考，养成优秀的好习惯。现代社会已经不再要求整齐划一，人才的标志从模式化和格式化，变成具有个性和独特的才能。因此我们不能照搬他人成功的经验，而应学习成功人士的自信，学习优秀者的方法，这样才能像一个真正的优秀者那样去思考，从而帮助自己获得精彩的人生。

变通，是一切生存之道

从古至今，成功者都是人中龙凤，大多数人都碌碌无为地度过一生。曾经有位名人说，其实每个人客观条件其实相差无几，之所以人们的人生相差迥异，就是因为人们对待人生的态度以及处理问题的方式和方法不同。就每个人都有的梦想而言，有人把梦想束之高阁，成为再也不触碰的“梦之想”；有的人一旦确立梦想之后，就能够始终牢记梦想，把梦想作为人生的引航灯，即使在实现梦想的过程中遭遇艰难坎坷，也从不动摇，更不会放弃。这样的人才有可能实现梦想，让自己的人生变得更加充实，精彩纷呈。

现代社会，职场上的竞争越来越激烈，生活中的压力也越来越大，每个人要想在社会上立足，赢得属于自己的一席之地，就必须更加努力，同时与时俱进。如果总是一味地坚持，从不知道变通，则会被时代的洪流甩下，最终贻误人生。尤其是在面对人生中或者琐碎或者重大的事情时，更要端正态度，调整思想，根据事情的进展情况及时选择最佳对策。

很久以前，有位裁缝技术高超，很多上流社会的名人都来请他量身做衣服。有一次，一位显赫的贵族为了参加儿子的婚礼，特意送来非常珍贵的面料请裁缝为他缝制衣服。裁缝知道面料很贵重，因此一直小心翼翼，不敢有丝毫的浪费和瑕疵。然而，有一天裁缝在生煤炉取暖时，一不小心，把一小块木炭溅了出来，把贵族已经完成的衣服烧出了一个小小的洞。看着这件残缺的衣服，裁缝担心极了，因为贵族明日就要来取衣服了，如此短的时间根本不可能买到如此珍贵的面料重新做一件，为此裁缝愁得唉声叹气。

傍晚时分，裁缝的妻子来给裁缝送晚饭，看到裁缝茶饭不思的样子，不由得问："你怎么了？遇到什么难题了吗？"裁缝苦笑着指了指为贵族做的衣服，说："你看，这可怎么交差呢！"妻子眼尖，一下子就看到了那个洞，想了想说："你先吃饭吧，这个问题交给我。"裁缝狐疑地看着妻子，不知道她能想出什么好主意。只见妻子翻箱倒柜，找出家里仅有的一卷金线，居然用一个晚上的时间，把那个烧出来的洞变成了一个金光闪闪的小太阳。看着妻子灵巧的双手，裁缝欣喜若狂地说："你可真是心灵手巧啊，这下也许贵族就不会怪罪了。"果不其然，贵族次日来取衣服时，看到这个手工刺绣的太阳，非常高兴，并且为此多给了裁缝一些酬劳。

原本棘手的难题，由于裁缝妻子的心灵手巧，变成了这件衣服上最大的亮点。如此一来，裁缝非但没有遭到责难，反而因此得到贵族的认可和赏识，获得了更多的报酬。其实，这件事情的解决就是源自思路的变通。

面对生活中很多棘手的难题，假如我们也能学会变通的方法，尤其是在遇到难题的时候，能够采取发散性思维从多个角度进行积极的思考，最终彻底解决问题，那么我们也会因为变通而改变自己的人生，使人生的道路更加开阔。人生就像是战场，随时都有可能发生意外的情况，倘若不知变通，则情急之下根本无法应对，我们唯有养成变通的思考习惯和灵活机动的行为模式，才能最大限度发挥自身的能力，帮助人生成就辉煌。

很多人都看过水，水是无形的，和风一样，无孔不入，哪怕是再小的空间、再奇怪的形状，水也能渗透其中；水还能够渗透很多物体的表面，进入它们的内部结构中。有人说水是很软弱的，实际上，水虽然无形，却很有韧性。它的无孔不入，它的无形，都是它力量的表现。我们的人生也应该像水，或者说我们在面对人生的时候也应该怀着像水一样的心态，唯有柔软和无形，才能让我们坦然面对人生的各种状况，及时改变和变通自己，让自己适应所有的情境。倘若一个人能够做到这一点，还怕无法适应生活吗？朋友们，让我们牢记变通的生存之道，做一个柔韧有弹性、能够从容适应生活的人吧！

突破思维的界限，迎接崭新人生

所谓墨守成规，就是指坚持旧的思想和规矩等，坚决不改变。墨守成规是贬义词，用在现代社会，通常指人们思想僵化，不知道变通，也不能突破自我，始终生活在旧的条条框框里，无法超越自我，因此使得人生被禁锢住。在日新月异的现代社会，这样的为人处世方式，无疑是不受推崇的。

我们都处于一个飞速发展和变化的时代，时代要求我们必须与时俱进，才能跟得上时代的脚步，让我们自己得到进步和发展。但是偏偏有些人不愿意改变，而且拒绝接受新潮的思想和新鲜事物，这样一来无异于故步自封，也闭塞了自己的整个世界。如此一来，还谈何进步和发展呢！

人们常说，条条大路通罗马，这就意味着人们在处理和解决问题时，可以采取很多不同的方式。尤其是遇到难题时，更应该发挥发散性思维，突破旧有的传统思维，甚至还可以采取全新的办法去尝试解决问题，如此，也许能够柳暗花明又一村。正如一位伟人说的，不管是白猫还是黑猫，只要能抓住老鼠的就是好猫。我们也要说，不管什么方法或者途径，只要不违背做人的原则和底线，就是有效的方法和途径，就是值得推荐和使用的。

曾经，法国的科学家法伯进行过一个著名的毛毛虫实验，也由此提出了毛毛虫效应。在实验过程中，他把毛毛虫们首尾相接地放在一个圆形花盆的边缘，让它们围成一个完整的圆，首尾相连。然后，他又在距离花盆十公分左右的地方摆放了一些毛毛虫最喜欢的食物——松叶。结果令人惊奇，这些毛毛虫首尾相连不停地围着花盆边缘转圈，没有任何一只毛毛虫爬到不远处的松叶那里享用食物。最终，它们在爬行七天七夜之后，都因为筋疲力尽和饥饿死掉了。

经历过第一次世界大战之后，法国开始研究能够抵御德意志联军进攻的防线。在1930年，马奇诺担任法国国防部部长，在与德国和意大利相邻的国境上建造了固若金汤的防御工事，世人皆称其为“马奇诺防线”。

马奇诺防线总长度达到约三百九十公里，是由一些相互独立的防御工事群组建而成的。这些防御工事群都有瞭望岗哨和防御主体，而且物资储备充足，即使在没有外援的情况下，也能够坚持三个月之久。并且，防御工事层层严密防守，外围还有铁丝网，可谓易守难攻。最妙的地方在于，这些相互独立的防御工事群之间，还能够通过电话线相互联系，形成了一张巨大的信息网。直接肩负着攻击任务的炮兵，一直躲在厚度达到三米的水泥工事内开炮，能够躲避敌人的弹雨和炮火的袭击。从表面上来看，马奇诺防御工事可谓登峰造极，没有任何薄弱的环节和地方。然而就是这个自以为固若金汤的防御工事，在“二战”期间被德国法西斯的装甲部队攻破了，并且由此打开了德国通往法国的通道，使德国部队进入法国境内之后长驱直入。

如果不是自以为马奇诺防线一定能够抵御德国军队的进攻，也许法国国境之内的防守力量就会更强大，能够起到更好的抵抗作用。恰恰是因为人们过于相信这道防线的作用，才使得法国遭遇惨败，也使马奇诺防线成为了一个巨大的讽刺。从马奇诺防线溃败的历史事实上，我们不难看出，很多情况下，人们恰恰是被已经知道或者自认为掌握的事物局限了思维，由此受到禁锢。

现实生活和工作中，人们经常被已知的事物局限，导致自己根本不可能有所突破和创新。因此，对于积累或者借鉴的成功经验，我们更是应该努力保持一定的警惕态度，千万不要被其误导。要知道，世界在改变，万事万物都在改变，我们唯有坚持创新，才能找到属于自己的人生道路，拥有自己的辉煌人生。正如大文豪鲁迅先生所说，这个世上本没有路，走的人多了，也便成了路。办法总是人想出来的，我们唯有保持思维源源不断的动力，才能更加坦然地面对人生，另辟蹊径，避免墨守成规导致的禁锢和失败。

逆向思维，让我们能人所不能

很多人都有了思维定式，不管是待人处事还是解决问题，都因循守旧地按照既有的思路进行思考，总是无法推陈出新，也很难独辟蹊径。其实，如果我们运用逆向思维的方式进行思考，那么我们就能够曲径通幽，不再沿袭旧有的方式，更不再受到陈腐思想的禁锢。

所谓逆向思维，顾名思义就是逆向进行思考的方式。举例而言，有很多人思考问题都是由因及果，当我们在进入思维的死胡同之后，不如改变方式方法，由结果推导原因，或许反而能够知道自己此时此刻应该如何决定和选择。当我们能够熟练运用这种思维方式时，就会发现很多问题都能迎刃而解，甚至困扰我们的难题也会水到渠成。前段时间热播的电视剧《芈月传》中，小小年纪的嬴稷在面对惠文王“攻韩还是伐蜀”的选择上，在去了文人志士们辩论的地方之后，听取了各家之言，然后根据自身的判断，进行逆向思考，没有和大多数人一样主张攻韩，而是建议惠文王伐蜀，由此不难看出其过人之才。嬴稷也因此赢得父王的赏识，最终在武王去世之后回到秦国，和母亲芈月一起平定秦国的叛乱，攘外安内，把秦国治理得井然有序，国富民强。

很久以前，哈桑借给一个商人两千元钱，并且拿到了商人亲笔书写的借据。眼看还钱的期限就要到了，哈桑却突然发现借据不知道什么时候弄丢了，即便翻箱倒柜，也没找到。哈桑很着急，他很清楚那个商人的为人品性，如果自己拿不出借据，那个商人是不可能到期还钱的。思来想去，哈桑也没有想出好办法，在朋友纳斯列丁来访时，他把这个难题告诉了朋友。朋友想了想，说：“这个问题好办，再让他给你写一份字据就好了。”哈桑苦笑着说：“要是他能再给我写一份字据，我当然不为此发愁了。问题是一旦他知道我的字据丢了，一定会赖账的，又怎么会给我再写一份字据呢！”朋友笑着说：“你现在就给他写封信，让他提前把借你的两千五百元还给你。”哈桑更加难以置信地看着朋友：“他能把借我的两千还来就不错了，怎么可能还给我两千五呢！”朋友高深莫测地笑着，说：“你只管这么写，其他的就不要管了。”

哈桑按照朋友所说的给商人写了一封信，提醒商人提前归还两千五百块钱，果然商人很快就回信了，信中写道：“我向你借了两千块钱，而不是两千五。到期的时候，我会按时还给你两千块钱的。”就这样，哈桑如愿以偿地得到了商人的“借据”，再也不用担心商人因为没有借据而赖账了。

为了从商人那里得到借据，又不能直截了当地告诉商人他的借据丢了，因而纳斯列丁逆向思考，为哈桑想出了这样一个好办法，最终成功解决了哈桑的难题。现实生活中，像这样运用逆向思维的方法解决问题的例子并不少见，只要我们能够巧妙地运用逆向思维，就一定能够恰到好处地解决问题。

尤其是对于很多特殊问题而言，与其根据条件推导结果，不如根据想要得到的结果逆向而为，推导出现在应该怎么做，这样反而能够事半功倍，使问题简单明了。中国古代司马光砸缸救人的故事就是典型的逆向思维，通常情况下人们救溺水之人总是想办法使其脱离水域，司马光急中生智，砸碎了缸，释放了水，也救了小朋友宝贵的生命，可谓聪明机智。只要是有心人，在生活中一定能够找到很多逆向思维的好方式，可以给自己的生活和工作带来更大的便利，或者提高处理事情的效率，可谓一举数得。

现代社会人才辈出，职场上竞争激烈，每个人都想脱颖而出，得到领导的赏识和重用。在工作的过程中，如果身边的很多同事都习惯于传统思维，而我们却能够运用逆向思维解决问题，那么一定可以鹤立鸡群，从而如愿以偿地得到领导的赏识，职业生涯的发展自然也更加顺畅通达。总而言之，每个人的人生之中都会遇到各种各样的难题，也会遭遇形形色色的困境，我们只有学会运用逆向思维，才能拓宽人生的道路；反其道而行的方式，也使我们能够独辟蹊径，事半功倍地解决问题。

顺势而为，不要一味相信成功的经验

在人生的道路上，每个人都梦想着能够获得成功，因而很多人总是学习成功者的经验，更有甚者会把成功者的成功模式照搬过来，套用到自己身上。殊不知，每个人都是一个独特的个体，这也就决定了每个人的人生都是不可复制的。我们可以学习成功者的经验，却不能全盘照搬成功者的经验，否则就会因为情况不相符导致经验不可用，或者无法收到预期的效果。此外，万事万物都处于随时随地的变化之中，我们处理事情和解决问题时，必须根据事情当时的现实情况作出定夺，而不能仅凭他人成功的经验就冒进，否则带来的只会是损失和挫折，而不会是成功的再现。

毋庸置疑，他人成功的经验一定是值得我们借鉴的，正如郑板桥所说，学我者生，似我者死。这句话的意思是，学生们必须学习老师，但又不能一味地模仿和复制，否则就会毫无生命力可言。向成功者学习也是如此，只能学习其神，而不能学习其形，否则就无法学得其成功的精髓，更使自身的学习陷入被动和消极之中。记住，他人成功的经验并非包治百病的灵丹妙药，因而不能放之四海而皆准。明智的人在学习的过程中一定会进行取舍，取其精华、去其糟粕，这样才能让学习事半功倍，使自己成功的道路更加通达。

在第二次世界大战期间，美国吉列公司推出的新产品，以“自己刮胡须”为理念迅速颠覆了人们的传统刮胡须模式，让大家对这样方便适用的刀片爱不释手，也因此使得吉列公司的刀片迅速占领市场，在全美国掀起了一股自己刮胡须的热潮。第二次世界大战之后，吉列公司再接再厉，对刀片进行改进，从而避免人们在安装和替换刀片时手指有可能被割伤的风险。果然，这种刀片一经问世就引起强烈反响，吉列公司的发展势头在良好的销售情况下更加强劲。然而，恰恰是因为如此乐观的情况，导致吉列公司自以为能够继续垄断刀片市场，使得他们麻痹大意，在1961年之后销量急剧下滑，市场占有率也迅速下降。

原来，1961年，英国的剃须刀市场出现了一种“超级刀片”，这种刀片是由不锈钢制造而成的，不但锋利，而且遇水不生锈，因而使用寿命大大延长，也为消费者节省了很多资金。可想而知，当这种刀片进入美国之后，美国市场马上就像被投入了一枚炸弹一样，把吉列公司垄断的刀片市场炸出了一个大大的缺口，使得不锈钢刀片迅速涌入，并且占领了一部分市场。当时，那些在与吉列竞争过程中处于下风的刀片公司，纷纷代理销售这种不锈钢刀片。而吉列公司此时却因循守旧，顾虑重重，并没有及时生产不锈钢刀片，而是被动地等待厄运的降临。最终，吉列公司的市场占有额急剧下降，不得不被迫进军不锈钢刀片市场，但因为不断犹豫错失良机，以致下降之后的份额无法提高。

不得不说，吉列公司的高层管理者对于市场的反应不够灵敏，这也直接导致他们在面对市场的剧烈变化时无法作出应对，更无法及时决策，最终导致销量下降，份额下滑，以致失去宝贵的发展先机。任何成功的经验都无法照搬，不管是对于个人而言，还是对于企业而言，在沿袭成功经验的同时，一定要及时顺应时代发展的形式作出改变，这样才能恰到好处地解决问题，才能与时俱进，把经验真正转化为自己的资历。

面对任何问题，要想真正解决，必须从现实出发，一切脱离现实的方案，哪怕听起来或者说起来多么完美无瑕，也是站不住脚的。尤其需要审时度势，如此才能不再拘泥于常规模式或者是他人成功的经验，所谓变通，只有变才能通。

吃亏是福，心胸广阔赢得人生

古人云，吃亏是福。生活中，有很多人都知道这句话，却并不能完全做到。尽管吃亏能给我们带来福气，但是人人都不想吃亏，都只想占点儿小便宜，这就是人的本性。然而，虽然占便宜让人觉得庆幸，但是很多便宜背后隐藏着巨大的阴谋，有多少人之所以上当受骗，就是因为这种想占便宜的心理。现代社会，之所以骗子横行当道，就是因为抓住了人们爱贪小便宜的心理。

细心的人会发现，那些拥有好运的人，大多数都是心胸开阔，从不斤斤计较的人。他们深深知道命运是公平的，唯有放下心里的负担，不看重功名利禄，不在乎小小的得失，才能享受生活的宁静致远与幸福安宁。

在这个喧嚣的人世间，真正能够明白吃亏是福的人，才能安享内心的宁静淡然。很多充满智慧的人都喜欢说吃亏是福，实际上他们并不知道吃亏是福的含义和真谛。现代社会物欲横流，人们心中充斥着越来越多的欲望，人与人之间比的是精明，一个比一个更擅长趋利避害，还有谁愿意吃亏呢！实际上，吃亏的人看似很傻，却是真正的大智若愚。吃亏不仅是人生至高无上的境界，更是宽容豁达的睿智。能吃亏的人，往往一生心平气和，心情愉悦。相反，有些人一旦吃了小亏，就要睚眦必报，还会因此与他人结下冤仇，最终导致小事变大事，大事变得无法收场，真不知这是吃亏还是占便宜呢！

大凡甘于吃亏的人，无疑都拥有开阔的心胸。他们既不计较小小的利益，也不会为了一些小事与人发生争执，因为自身情绪稳定平和，所以人缘也很好。尤其是在现代职场，要想获得更加远大的前途，就要与他人之间保持良好的人际关系，如此才能让职业生涯一帆风顺。由此可见，吃亏是福不但是做人的原则，也是做事的纲要，更是人们行走职场的金科玉律。

曾经，作为美国食品加工行业翘楚的亨利·霍金斯先生，偶然间发现他们的产品中含有对身体有害的添加剂。良心告诉他应该把这件事公之于众，但是理智又告诉他如果这么做一定会影响公司的销量，更会致使公司的发展受到严重的负面影响。思来想去，霍金斯先生还是决定把这一发现告诉所有的顾客，一时之间，顾客们为了身体健康，坚决抵制亨利公司的产品，而且对食品加工行业的所有产品都产生了怀疑。在这种情况下，整个行业都因为霍金斯先生的坦诚受到影响，寒冬已然到来，很多同行都对霍金斯先生心怀不满。

在这种情况下，原本经营和运转情况良好的亨利公司遭到致命打击，他们濒临破产的边缘，眼看无法继续维持下去。如此苦苦支撑了四年之后，亨利公司已然倾家荡产，不过霍金斯先生的名字也因此变得家喻户晓，至少大家知道了霍金斯先生是一个有良知也不怕吃亏的人。为此，人们对于霍金斯先生的评价都很高，也都愿意相信他。此时此刻，政府出面支持霍金斯先生，为亨利公司恢复正常运转提供了很大的帮助。终于，亨利公司的产品在经过改良之后，得到了人们的认可，再次成为人们争相购买的抢手货。就这样，亨利公司很快就恢复了正常运转，不但元气大增，还扩大了生产规模，成为美国食品加工产业的龙头老大。

在这个事例中，霍金斯先生作为亨利食品加工公司的总经理，知道添加剂是在长期食用的情况下才会对身体有害，并不会马上对人体造成伤害，但是他还是义无反顾地承担起责任，向广大顾客朋友们阐明情况，不得不说，这样的坦诚与承担责任的勇气，值得每个人钦佩。也因为触动了某些群体的利益，霍金斯先生遭到行业内很多公司的抵触和指责，由此导致亨利公司的经营和运转陷入更严重的困境。幸好政府出面对亨利公司表示支持，才能帮助霍金斯先生顺利渡过艰难的时刻，使得亨利公司恢复了正常运转，获得了良好发展。从表面看来，霍金斯先生为此吃了很多亏，导致公司和个人都陷入困境，实际上，他却因此赢得了消费者的信任，也为此获得了长远的发展，可谓吃亏是福。

现代社会竞争异常激烈，很多人为了利益不择手段，尤其是在职场上，好的职位总是让每个人趋之若鹜，因而大家为了升职加薪都是绞尽脑汁。然而，无论利益的诱惑多么大，我们始终都应该牢记，唯有坚持做人的原则和底线，适当吃亏，才能谋求长远的发展。

要想解决问题，先要提出问题

在这个全民创新的时代，社会的发展日新月异，作为个人，我们也应该顺应时代的潮流，让自己不断地打破思维的界限，推陈出新，如此才能赢得远大的前程。可以说，创新是一个民族、一个国家进步的动力，倘若没有创新提供源源不断的力量，国家和民族就会停滞不前，最终失去竞争力。当然，创新相比较按部就班、因循守旧，对我们提出了更高的要求。要想时刻创新，我们必须拥有一双善于发现问题的眼睛。也许有人会说解决问题才是最重要的，这样说当然也没有错，但是，作为解决问题的先决条件，发现和提出问题尽管并不是解决问题的最后一步，却是解决问题的前提和基础。试想，假如一个人连问题在哪里都看不出来，又如何能够解决问题呢！

现代社会的人们越来越认识到创新的重要作用，因此，现在的家庭教育和学校教育中，很多父母与老师都有意识地培养孩子们的创新能力。当然，就像前文提到的，若想从小培养孩子的创新能力，提高他们解决问题的能力，首先要让他们拥有一双睿智的眼睛，能够敏锐及时地发现问题所在，从而提出问题，解决问题。不得不说，好奇心作为人的一种本能和天性，也是创造的基本动力，更是想象力和创造力的核心能力。遗憾的是，很多孩子的好奇心都被扼杀在摇篮之中，他们纯真明亮的眼睛也在不断成长的过程中蒙上了尘埃，无法看清楚很多问题的本质。所以，作为父母要想给予孩子更强大的创造力，一定要注意保护孩子的好奇心，正是好奇心驱使孩子发现问题。

很多成人都拥有一颗赤子之心，所谓赤子之心，并不单纯指的是爱国之心，还包括孩童的天真本性。诸如好奇心，诸如善良，都是赤子之心的具体表现。其实很多天才之所以能够成为天才，并非完全因为天赋异禀，也是因为他们对世界和人生充满好奇心，所以始终都能发挥自身的创造力，帮助自身不断成长和提高。

在生活和学习中，我们从小就被教会如何解决问题，也形成了模式化思维，在力所能及的情况下总是能够迅速找到解决问题的办法。殊不知，这样纯粹地解决问题是很被动的，真正能力强的人是能够发现和提出问题的人，他们才是问题的主宰。从某种意义上说，知道如何提出问题，距离解决问题就不远了，但是如果只会解决问题而不知道如何提出问题，则会局限自身的发展，使自己遭遇被动的困境。作为大名鼎鼎的科技哲学家，波普尔始终认为，问题就是科学的逻辑起点，如果没有问题的发现和提出，也就无所谓科学的存在和发展。所以说，从历史的角度来说，人类进步的过程，就是不断地发现和提出问题，最终分析和解决问题的过程。大科学家爱因斯坦也曾说过，和解决问题相比，提出问题更加重要，因为解决问题只是技巧范畴内的能力，而提出问题则是发挥创造性和想象力，因而能够推动科学不断进步。由此可见，提出问题是解决问题的第一步，也是至关重要的一步。

著名地质学家李四光从小就喜欢玩捉迷藏，经常与小伙伴们一起玩乐。每次玩捉迷藏，他都喜欢藏在一块大石头后面，这块石头硕大无比，能把他的身体遮挡得严严实实。小伙伴们即使围着石头转来转去，也找不到他。日久天长，李四光不由得扪心自问：这块石头是从哪里来的呢？他左思右想也想不明白，因而跑去问老师，老师思忖良久，说：“这块石头历史悠久，我小的时候就看过它了，也许已经几百年了吧！”李四光打破砂锅问到底，说：“那么，是什么人把它放在那里的呢？”老师想了想，说：“也许是从天而降的陨石吧，就是天上掉下来的。”

这个回答并没有解除李四光的疑问，李四光继续问道：“但是这个石头这么大，这么重，从高高的天上掉下来，草地上为什么没有巨大的坑呢？”老师被问住了，说：“这个我也不知道。”李四光感到疑惑，更加困惑了，因而又跑去问爸爸，但是爸爸也不知道。这个问题直到他长大成人之后去英国留学，专门攻读地质学，才知道了这块大石头可能的来历。从英国学成归来后，李四光回到家乡，通过考察和研究，最终推断出这块石头是被冰川从遥远的秦岭带来的。此外，他还发现第四冰川曾在长江流域活动的迹象，这个发现让整个世界都为之震惊。

李四光小时候的一个疑问，就这样把他带到了地质的王国，使他在地质王国有所发现，有所建树，最终获得了巨大的成就。这就是提出问题的魔力，它能够开阔我们的思路，让我们的内心世界更加开放，也使我们的人生更加开阔。

朋友们，从现在开始就努力提升自己的眼界吧，这样就能够打开思路，从而帮助自己不断发现问题，提出问题，引领自己在人生的道路上不断开拓进取，成就人生的辉煌。

第 14 章

找准人生方向，剩下的就是努力向前奔跑

每个人都想获得辉煌灿烂的人生，又因为命运的坎坷波折，总是无法如愿以偿。为了实现期待已久的梦想，我们必须一刻不停地奔跑，最终才能获得成功的人生。毋庸置疑，这个世界上绝没有不劳而获的得到，也没有天上掉馅饼的好事情。想在金秋硕果累累，就必须在春天辛勤耕耘，在夏天努力浇灌，如此，人生的大树才能开花结果，不辜负我们的梦想。常言道，你若盛开，蝴蝶自来。在找准人生方向之后，我们唯一需要做的就是不懈努力，这样才能让自己的坚持得到回报。

坚持永远不会辜负执着的你

生活中人们常说，一个人做一件好事不难，难的是一辈子都做好事。这句话看似平淡无奇，却道出了坚持的重要意义。很多时候，我们做一件事情未必能够看到立竿见影的效果，唯有持之以恒地做下去，才能让人生变得与众不同，这就是坚持的重要意义。可以说，坚持对于一个人的成功有着非同寻常的意义。即便是看似简单的小事情，也唯有坚持，才能获得伟大的效果。

苏格拉底曾经要求学生们每天都做一个简单的动作，即把双手朝前和朝后甩动三百下。对于这件轻而易举的事情，学生们全都觉得实现起来毫无难度。然而等到一个月之后，苏格拉底问起学生们坚持的情况，只有百分之九十的学生在做。等到一年之后，全班学生里居然只有一个人依然坚持每天重复简单的甩手动作，他就是柏拉图。后来，柏拉图也成为了大名鼎鼎的哲学家，在哲学领域有所建树，做出了伟大的成就。

在《青春不应被浪费》一书中，袁岳曾经说，假如大学生能够每天坚持写博客，写满一年的时间，那么他愿意为他们毕业之后找工作的事情打包票。当时，他的这句话是面向至少一百万大学生所说的，但是最终只有五名大学生把他的话记在心里，并且努力认真地坚持做下去。最终，五个坚持写博客的同学根本无须袁岳帮助，就顺利找到了工作。因为经过一年坚持写博客，他们不仅表达能力大幅度提高，毅力也极大增强。由此可见，任何行动的设想如果只停留在空想阶段，就会变成毫无意义的白日梦，只有转化成切实的行动并且努力坚持下去，才能成为技能，对我们的生活和工作起到积极的作用和影响。

很小的时候，安徒生就失去了父亲，他和母亲相依为命，过着艰难的生活。有一天，安徒生和几个小伙伴获邀去皇宫里拜见王子，请求王子给予他们赏赐。为了得到王子的赞赏，小小年纪的安徒生卖力地表演着，王子看完他的表演之后和蔼地问："你需要怎样的帮助呢？"安徒生满怀信心地对王子说："我想成为剧作家，而且要去皇家大剧院里表演。"

看着眼神忧郁、长相丑陋的安徒生，王子不由得哑然失笑，对他说："虽然你刚才剧本背诵得很好，但是写剧本可没有这么简单。我建议你学习一门能够养家糊口的手艺，也许比做这样不切实际的梦更好。"然而，安徒生对自己的梦想坚定不移，他非但没有采纳王子的建议学习手艺，反而拿出自己辛苦积攒的钱，向妈妈道别，独自一人去了哥本哈根追求梦想。在哥本哈根，他就像是一个流浪汉那样过着艰难的生活，不但居无定所，而且常常食不果腹，更是遭到了无数贵族的拒绝，但是他从未放弃自己的梦想，而是始终坚持着。他一边艰难地维生，一边坚持创作，即便不被人们欣赏和认可，也依然持之以恒，从不放弃。终于，在1825年，安徒生的几篇童话故事在孩子中引起巨大反响，很多少儿读者都盼望着他的新作品问世。就这样，安徒生在自己三十岁的时候找到了人生价值，从此笔耕不辍地创作童话作品，最终享誉世界。时至今日，他的经典作品《丑小鸭》《皇帝的新衣》等，依然为孩子们所喜爱和传诵，丰富了全世界孩子的心灵。

假如安徒生当时听从王子的劝告，学习了一门能够养家糊口的手艺，那么世界上就会少了一位童话大王，孩子们也就少了很多可以代代相传的经典童话作品。正是因为安徒生在艰难的处境下始终坚持不懈地努力，从未放弃自己的文学梦想，所以他成为举世闻名的童话大师。

人生之中很多事情都不可能一蹴而就，我们需要付出坚持不懈的努力，才能看到卓有成效的效果。任何情况下，只要我们足够努力和坚持，人生绝不会辜负我们。当你成为独一无二的自己，你会觉得一切坚持都是值得的。

永不抛弃梦想，坚持才能成功

每个人都有自己的梦想，有些人把梦想束之高阁，被迫接受庸俗的人生，最终活得黯然失色，有些人则始终心怀梦想，牢记梦想，最终才能实现梦想，成就辉煌的人生。这就是为什么人们的天赋和客观条件相差无几，但是人生却迥然不同的原因。只有真正坚持梦想，且为了梦想坚持不懈地努力与付出的人，才能得到命运的馈赠，享受实现人生的圆满和成就。

记得前些年热播的电视剧《士兵突击》中，常说“不抛弃，不放弃”，从此之后这句台词红遍祖国的大江南北，让无数人为之充满激情，热血沸腾。的确，不抛弃不放弃不但应该作为军人的精神，更应该作为每一个普通人的精神。这代表着我们心中坚定不移的信念，也代表着我们对于梦想与追求的执着。任何事情都不可能一蹴而就地获得成功，我们唯有坚持不放弃，始终执着于梦想，最终才能成就人生。

骐骥一跃，不能十步；驽马十驾，功在不舍。成功的秘诀永远不是一蹴而就，也不是天上平白无故掉下馅饼，而是在于我们能够坚持不懈，持之以恒。

出生的时候，海伦是一个健康可爱的婴儿，给父母带来了无尽的欢乐。然而在一岁半的时候，海伦因为一场严重的猩红热高烧不退，最终失去了听力和视力，也不能说话，变成了一个严重残疾的人。对于一个一岁半的小生命而言，这是多么残酷的打击啊！然而，海伦无比坚强，依然乐观地活了下来。

后来，海伦到了七岁，父母为她请了一位家庭教师，专门教授她文化知识。正是这位叫苏利文的老师，彻底改变了海伦的一生。原来，苏利文老师在小时候眼睛差点失明，因而很能理解海伦内心的痛苦。为了帮助海伦学习，苏利文老师非常耐心地教会她阅读，教会她用手触摸别人的嘴唇来“听话”，甚至教会她说话。对于海伦的教育，苏利文老师付出了极大的耐心和毅力，海伦也非常勤奋努力，不管遭遇多大的艰难，都从未放弃。就这样，海伦居然克服了失明与失聪导致的巨大障碍，完成了大学学业。后来，海伦不但为公益事业奔走，还出版了作品，她的《假如给我三天光明》至今依然给予人们巨大的鼓舞和力量。

身为一个重度残疾的人，如果海伦没有坚持不懈的精神和顽强不屈的毅力，根本不可能战胜身体的缺陷，成功实现自己的梦想。当然，她的成功离不开苏利文老师的悉心教导和耐心陪伴。总而言之，只有坚持不懈，我们才能实现梦想，帮助自己更加勇敢地面对人生和未来。

人们常说，理想很丰满，现实很骨感。确实，每个人在畅想未来时都会最大限度地发挥想象力，让自己的未来无比绚烂；然而，在实现梦想时，一旦遇到小小的艰难坎坷，又会情不自禁地放弃，最终导致梦想半途而废。在这样的情况下，梦想当然没有可能实现，缺乏毅力的人，根本无法走完从梦想到现实的道路。需要注意的是，我们首先必须作好心理准备，意识到任何梦想的实现都是艰难曲折的，才能更加勇往直前地朝着梦想而去，才能克服困难和障碍，最终实现梦想。前段时间获得诺贝尔奖的我国科学家屠呦呦，为了攻克治疗疟疾的难关，曾经进行了无数次实验，甚至为此身染疾病，但是她无怨无悔，最终提炼出能够治疗疟疾的青蒿素，从而挽救了世界几百万人的健康，拯救他们于疾病的魔爪之中。不得不说，这种牺牲小我拯救众人的精神，就是支撑屠呦呦始终坚持不懈进行科学实验的动力。

对于任何人而言，要想获得成功，坚持都是必不可少的。生活中，很多人都因为不够坚持，最终与成功失之交臂，也因为不够坚持，导致自己在人生的十字路口无限迷茫，陷入无尽的悔恨之中。其实，成功者未必比失败者更加天赋异禀，大多数情况下只是因为成功者比失败者更能坚持，所以才能排除万难实现梦想。朋友们，要想实现梦想，距离成功越来越近，就让我们从现在开始努力拥抱梦想，坚持不懈地为了梦想付出吧！

执着，柳暗花明又一村的惊喜

成功需要很多素质，执着也是成功必备的素质之一。很多时候，成功就在转角处，而人们却往往因为经历了数次失败便颓然放弃，以至与成功失之交臂。倘若爱迪生发明电灯时没有坚持到最后一刻，在成功之前的那次失败就放弃了，那么他七千多次的实验就会前功尽弃，整个世界也会因此要延迟一段时间才能迎来光明。幸好他没有放弃，而是执着于自己的梦想，始终毫不气馁地面对失败，把失败作为成功的阶梯，不断地实验、进取，最终获得成功。假如屠呦呦在研究治疗疟疾特效药的过程中遇到困难就退缩不前，那么她也无法成功提炼出青蒿素，更不可能因此获得诺贝尔奖。她在前进的道路上从未退缩，哪怕她和团队成员为了科学实验而身患疾病，她也依然从未放弃。正是这样的执着，才让她最终成功攻克了世界性难题，为全世界几百万身患疟疾的人群带来了福音和希望。要记住，一切的成功都来源于执着，对梦想的执着，对理想的执着，对成功的执着。

人生不如意十之八九，每个人的人生之路都不可能是一帆风顺的。唯有坚持前行，跨越层层阻碍和艰难，我们才能翻越人生的高山，达到人生的巅峰。当然，要想执着获得好的结果，首先应该确立正确的人生方向。相信很多人都听过南辕北辙的故事，倘若方向错了，即便再怎么努力，也只会导致结果事与愿违。因而，我们首先要保证正确的人生方向，接下来才能在梦想的道路上不断前行，直到成功。

惠特曼从小就喜欢阅读诗集，表现出对文学的执着热爱。长大之后，他开始执着于文学创作，笔耕不辍地写诗。然而，当他的第一本诗集变成铅字之后，根本无人问津。为此，他不得不把自己的诗集一本一本地送出去。那个时候，美国大名鼎鼎的诗人们根本不把他的诗集看在眼里，有的大诗人甚至把惠特曼送来的诗集扔进火炉里当柴火。他们都认为，惠特曼作为一个木匠的儿子，怎么可能写出高雅脱俗的诗作呢！

惠特曼觉得沮丧极了，他承受着每个人的否定和挖苦讽刺，心已经冰到了极点。正当他感到绝望的时候，声名显赫的英国作家艾默生给他写了一封回信，信中不但对他的作品赞不绝口，还毫不吝啬地鼓励惠特曼："我认为你的作品代表了美国有史以来最杰出的聪明才智的精华。"这句赞赏的话让心已濒死的惠特曼感受到希望，重振信心。从此之后，他对于诗歌创作投入了更大的热情，最终成为举世闻名的大诗人，他的诗作至今仍然广为传颂，成为全世界文学爱好者的精神食粮。当年，他的那部诗集就是《草叶集》。

如果没有艾默生的鼓励，如果没有惠特曼的执着，也许世界文坛就会少了一位伟大的诗人，《草叶集》也就不会成为人类精神文明的食粮被传承下来。我们每个人生活在这个世界上，都难免要遭受坎坷和挫折，更会时常遭受他人的否定和非议。在这种情况下，唯有自信和坚强的心，才能让我们始终保持积极向上的能量和动力，并且执着于人生的梦想和理想，让心中始终充满希望和光明。

毋庸置疑，一个不够执着的人往往很难获得成功，他总是因为各种各样的困难退缩，或者半途而废。只有执着于梦想，才能排除万难不断向前，我们的人生才是更加坚定的。执着就像一把刀，最终把人生雕刻成我们希望的样子，帮助我们顺利到达成功的彼岸。

半途而废的人生注定一事无成

曾经，心理学家进行过一个有趣的实验。他把跳蚤放进没有盖的杯子里，跳蚤很轻松地就跳了出来。等到心理学家再次将跳蚤放进杯子里，并且用透明的玻璃盖盖住杯子之后，跳蚤每次往上跳都会碰到玻璃盖，也就无法成功逃离杯子的禁锢。如此几次三番之后，当心理学家取掉玻璃盖时，跳蚤却已经放弃了努力，听天由命地待在杯子里，再也不进行任何的努力和尝试，最终被困死在杯子里。为何跳蚤不再尝试逃脱杯子了呢？就因为它几次碰壁，便以为再也没有可能成功突围，所以放弃了努力。其实，这种现象在生活中也很常见。成功总是能够激励人们更加努力，而有些信心不够充足并且没有顽强毅力的人，一旦遭遇小小的失败，就会从此受到失败的禁锢，再也不愿意突破和超越自我，更不愿意继续尝试下去。最终，即便他们发展的瓶颈已经不复存在，他们也无法提起精神继续努力和尝试，由此导致人生遭到禁锢，最终一事无成。

细心的人会发现，那些成功人士之所以能够获得成功，并非因为他们存在多么显而易见的过人之处，也并非因为他们总是能够战胜困难，而是因为他们一旦认准了目标就不会因为任何障碍或困难而轻易放弃。他们总是百折不挠，挫折只会让他们越挫越勇，而不能使他们半途而废。他们还能够从接踵而至的失败中总结经验和教训，从而努力提升自身的能力，帮助自身不断完善，成为真正的强者。

古时候，有个叫乐羊子的人，他辞别妻儿，离开家乡，独自一人外出求学。因为出门在外的生活实在太艰难，求学的道路充满坎坷，他很快就开始思念家乡，想念妻子儿女，所以于一年之后放弃求学，回到家乡。当风尘仆仆的乐羊子回到阔别已久的家中时，妻子正在织布。看到乐羊子背着沉重的行李走进家门，妻子丝毫没有觉得惊喜，而是满脸诧异。她问："你怎么回来了？学业结束了吗？"乐羊子笑着说："我不想继续求学了，我想回到家里守着你和孩子。"妻子一语不发，拿起身旁用来剪切布匹的锋利剪刀，二话不说把自己正在编织的一块精美布匹剪断了。

乐羊子心疼不已，要知道这可是妻子辛辛苦苦昼夜不息才编织出来的布匹啊，家里还指望着这块布匹卖钱呢！为此他疑惑地问道："这块布匹马上就要完成了，你为什么要这么做啊！"妻子严肃地说："这块布匹的确即将完工，但是因为我从中间将其剪断，所以它就成为了毫无用处的废物。你求学也是这样的道理，学业进行过半，你却选择放弃，那么无异于前功尽弃，前面所有的努力全都白费了。现在的你，就像这块已经成为废物的布匹一样，再无半点用处。"妻子的话让乐羊子陷入沉思，他理解了妻子的苦心，因而说：“放心吧，我会继续努力的，我现在就回去，继续学业。”说完，乐羊子背起行囊踏上求学的归途。

妻子一语惊醒梦中人，使乐羊子知道学业半途而废的严重后果。尽管妻子为此废弃了自己辛苦编织出来的一块布匹，但是如果能换取丈夫的远大前程，也是值得的。由此不难看出，乐羊子的妻子是一个深明大义的女人，可以说，乐羊子之所以能学有所成，与妻子的督促和鞭策是分不开的。

做任何事情都忌讳半途而废。倘若从来就没有开始，那么至少还不曾付出，是决绝的放弃。但是如果事情已经进行到一定程度、已经付出了很多，这个时候再选择终止，那么无异于前功尽弃，必将损失惨重。而且，做事情一定要有头有尾，如此半途而废，长此以往还会导致人们失去自信心，使人们更加偏离既定目标，致使人生没落。总而言之，人生之中做任何事情都必须要有坚持到底的精神，如果一旦遇到小小的挫折就半途而废，则人生注定一事无成。

人生很短，只够做好一件事

有人觉得人生很漫长，似乎怎么熬也熬不到头，因而只能终日无所事事，把人生活得百无聊赖。有人则恰恰相反，他们觉得人生太短暂了，恨不得把每分钟都掰两半用，这样才能做更多的事情，让人生变得更加充实有意义。如果说前者的人生一事无成，那么后者的人生则与众不同，并且能够活出属于自己的精彩。其实，一个人拥有怎样的人生，很大程度上取决于这个人的人生态度。倘若把人生看作无聊地消磨时间，那么人生的确太过漫长和难熬；如果把人生的每一分钟都过得充实，那么人生就会变得更加丰满厚重。

实际上，人生归根结底是短暂的。对于想把每件事情都做好的人而言，他们最终会发现人生苦短，短到如同白驹过隙，只能做好一件事情。倘若一个人过于贪心，总想把人生之中的每件事情都做到极致，那么最终的结果就是每件事情都做不好。这就像是学习，一个人总要术业有专攻，才能做出属于自己的成就。相反，倘若一个人把有限的时间和精力分散到各个领域中，则最终不但无法做到学有所长，还会使得各个方面的学习都毫无特色可言。这样的人生看似比百无聊赖充实很多，但只是瞎忙，最终和百无聊赖一样乏善可陈。

在这个喧嚣的时代，不但生活节奏越来越快，工作压力越来越大，人们对于人生中很多事情的态度也变得如同对待快餐一样，恨不得马上解决。殊不知，人生之中很多收获必须经历时间的沉淀。就像有些菜品急火快炒好吃，有些菜品必须小火慢炖一样，人生也是如此，不同的事情必须区别对待，这样才能做到有针对性，起到事半功倍的效果。

一生只做好一件事情，有些人也许觉得这是浪费人生，殊不知这其实是人生的幸运。事情在于精而不在于多，当我们穷尽一生把一件事情做到极致，也就足够青史留名。诸如获得诺贝尔奖的莫言和屠呦呦，他们一个专攻文学领域，一个专攻化学领域，最终都能够在全世界青史留名，也能够让世世代代的人们都记住他们，这是多么大的成就和荣耀啊！新东方教育集团的董事长俞洪敏，在创业之初也曾经面临很多机会和选择。然而，他坚定不移地决定走好教育这条路，因为他深信这就是他毕生的事业，也愿意集中所有的精力把这件事情做好。最终，新东方在全国范围内家喻户晓，不得不说俞洪敏的选择是明智而又正确的，他也的确得到了回报。

香港著名演员刘青云深受很多观众喜爱，他所饰演的角色往往都入木三分，给观众们留下了深刻的印象。作为一名入行三十多年的老演员，刘青云对于演员这一职业从来不敢懈怠，即便已经成为真正的演艺圈的元老级人物，他也依然一丝不苟，这一点得到了所有人的认同和赞许。

1999年，刘青云参加杜琪峰导演的《真心英雄》的拍摄。当时他人在泰国，要拍摄一出大决斗的戏，现场会有装满玻璃的仓库爆破的情形，但是刘青云三天之后就要和郭蔼明结婚，杜琪峰有些担心，不知道是否应该拍摄这出戏，也很怕刘青云会受伤耽误婚礼。为此，杜琪峰犹疑不决地问刘青云："这戏还拍吗？"刘青云毫不犹豫地说："当然拍啊！"自然，刘青云也很清楚这出戏的风险，因而在正式开拍之前再三叮嘱编剧游乃海，说："万一我受伤了，不要送我去医院，把我送上飞机回香港，我不能耽误参加婚礼。"原本游乃海以为刘青云在说笑，但是当看到刘青云布满血丝的大眼睛和一本正经的模样时，他才知道刘青云说的是真的。幸好这出戏圆满结束拍摄，刘青云顺利参加婚礼。事情发生很久之后，还有人就此事和刘青云开玩笑，刘青云却严肃地说："一生只做一件事，当然要认真对待，把它做好。"

作为一名娱乐大众的演员，刘青云对待毕生的事业——演戏丝毫不敢懈怠。很多圈内圈外的人士都很佩服刘青云的敬业态度，也因此对他竖起了大拇指。人在一生之中，实在无法预测自己到底要面对和经历多少事情，倘若不管做什么事都三心二意，最终的结果一定是一事无成。我们只有集中所有精力，全身心投入地做好一件事，才能将其做成事业，使其成为我们毕生的荣耀。

需要注意的是，一生做好一件事情，尽管听起来简单，真正想要把这一件事情做好也并不容易。我们首先要确立人生的终极目标，也就是我们平常所说的长远目标，并且始终牢记目标，不忘初心，才能避免半途而废，且不因那些不相干的事情分散精力。否则，如果把有限的时间和精力无限地分散，最终人生就会毫无成果可言，距离梦想和成功越来越远。

奔跑的力量，超乎你的想象

如果说人生是一场比赛，那么一定是跨栏比赛。不管面对多么高的障碍，我们都要始终保持奔跑的状态，才有可能借助于奔跑的力量让身体迅速腾空，从而超越障碍，继续勇往直前。否则，我们一旦在障碍面前停下来，失去速度，则这些障碍的难度就会成倍增长，因为已经停止奔跑的我们无疑削弱了力量，无法迸发出巨大的爆发力超越障碍，克服困难。由此我们不难得出一个结论，人生应该处于不断的奔跑之中，只有奔跑着的我们，才能越挫越勇，拥有强大的爆发力。

毫无疑问，生活中不会永远都是甜蜜和美好，更多的时候生活是苦涩的，甚至是充满酸甜苦辣的人生百味。我们既要享受成功后的喜悦和放松，也要时刻保持强劲的动力，勇敢面对失败后的艰难处境，唯有如此，我们的人生才能不断向前，向前。其实，每个人都有巨大的潜力，只不过在日常生活中这种潜力没有表现出来。只要我们能够坚持奔跑，就会源源不断地释放生命的潜力，最终使我们的人生变得更加强大。

贝基拉从小的梦想就是成为长跑健将，因此，虽然他出身贫苦，无法缴纳昂贵的训练费，甚至没有一双跑鞋，但是他依然坚持在训练场外观看运动员们的训练，梦想着自己也有一天能够成为他们之中的一员。

有一天，赤裸着脚的贝基拉还像往常一样站在训练场旁观看训练，一位跨栏教练在倾听了他的诉说之后，将他带到一组低矮的跨栏前，让他尝试跨栏跑。他轻而易举地完成了这组跨栏跑，因而教练又将其带到一米五高度的跨栏前，这次贝基拉被难倒了，尝试了好几次也没有如愿迈过跨栏。这时，教练语重心长地对贝基拉说："孩子，尽管现在你的生活面临很多困难，但是只要坚持不懈，失败也决不气馁，你终有一天能够超越这些障碍，奔向前方。你记住，只要你努力向前奔跑，就没有任何东西能够阻拦你前进的步伐。"贝基拉在教练的鼓励下，燃起了对生活的希望。从此之后，没有跑鞋的他开始赤脚奔跑，他跑过坎坷泥泞的山路，也跑过长满荆棘的原野，更跑过遍布砂砾的戈壁滩……他的身影跑遍了很多地方，后来，他终于凭借自己的努力成为一名马拉松运动员。

在1960年的罗马奥运会上，贝基拉赤裸双脚，成为马拉松比赛的冠军，为祖国赢得了金牌。时隔四年，他尽管刚刚动过手术，但是依然以超强的耐力和韧性，再次为祖国赢得金牌，也成为奥运会有史以来唯一蝉联马拉松比赛金牌的冠军选手。对于贝基拉如此傲人的成绩，很多记者闻讯赶来采访："你是如何做到的？"贝基拉笑着说："其实很简单，我只知道要一直向前奔跑，到达人生的终点。"

每个人都有自己的梦想，有些人把梦想弃之不顾，有些人则为了梦想不懈努力，最终成就圆满的人生。可以说，人生之所以截然不同，就是因为人们面对梦想的态度不同。

毋庸置疑，人生路上有很多艰难险阻，我们唯有一刻不停地奔跑，才能不断超越这些障碍，远离人生的沮丧和阴霾。一旦我们停下来，虚弱的内心就会被人生的黑暗所吞噬，再想恢复昂扬的斗志，就会变得非常困难。这正如古人所说的，一鼓作气，再而衰，三而竭。人生的奔跑也应该一鼓作气，这样才能让勇气和信心不断膨胀，帮助我们战胜人生的重重困难，最终到达人生的目的地，收获圆满的人生。

人生是马拉松，不是百米冲刺

人生就像是一场奔跑，前文谈到，我们应该一鼓作气，这样才能以最佳状态跑完人生的全程。其实，要想完成全程还有一个诀窍，这也是很多马拉松选手都熟知的——要想跑完马拉松，最重要的不是在刚开始时就进行百米冲刺，把所有选手都远远甩在身后，而是保持体力，保持有节奏的奔跑，这样才能以最佳状态跑完全程。

很多人都知道跑马拉松和百米赛跑是不一样的，百米赛跑拼的是爆发力，需要人们在第一时间就爆发出所有的力量，要求人们从起跑开始就把所有选手都甩在身后，这样才能在短暂的时间里遥遥领先。马拉松比赛则完全不同，在比赛开始就使出浑身力气、想要遥遥领先的选手，往往都是缺乏经验的新手，真正熟悉马拉松比赛的选手不会在发令枪响之后就如同离弦的箭一样奔跑，而是会保持体力，保持均匀的速度，尽管适当领先，但是并不急于一时。

很多人都知道骆驼是沙漠之舟，在沙漠残酷的环境中，即便是骏马也无法保持良好的体力，而慢吞吞的骆驼却能够顺利走出沙漠。尽管和骏马相比骆驼走得太慢，但是骏马很快就会在沙漠中筋疲力竭，而骆驼则能始终保持匀速前进，最终到达目的地。由此，在沙漠中，骏马也不得不对骆驼甘拜下风。人生也是如此。人生不是百米冲刺，而是马拉松，跑得最快的未必能够跑完全程，只有极具耐力和毅力的人，才能到达终点，成就人生的辉煌。

细心的人会发现，成功者尽管各有所长，且成功的经历完全不同，但是他们都有一个共同点，那就是不达目的誓不罢休。无论他们在奋斗的过程中遭遇多少坎坷挫折，他们始终都能不忘初心，坚持不懈。他们的顽强和坚韧，让所有人对他们敬佩不已。而那些失败者之所以失败，并非完全因为能力不足，或者运气不好，而是因为他们缺乏坚持不懈的顽强毅力，在失败面前也没有耐性。

如今，全世界的孩子都知道史努比，也都很喜欢史努比，为此很多人都知道了关于史努比之父查尔斯·舒尔茨的人生经历。作为美国著名的漫画作家，舒尔茨曾经是个智力低下的孩子。

在小学和中学的学习中，他的各科成绩都很差，不仅英语和数学不及格，物理更是让人尴尬的零分。后来，他好不容易才进入学校的高尔夫球队，但是球队在该学年输掉了重要的比赛，他不由得觉得万分沮丧。在人际交往方面，他也很薄弱。因为他身上没有任何闪光点，所以几乎所有同学都对他采取视而不见、视若无睹的态度。即便偶尔与他迎面碰上，也很少有同学会与他打招呼。尽管如此，他也没有自暴自弃，他觉得自己在绘画方面具有天赋。

读中学的期间，他把自己辛辛苦苦创作的漫画提供给年鉴使用，但是全被拒绝了。然而他依然坚信自己在绘画方面有特长，因而在离开学校之后，他带着绘画作品来到迪斯尼工作室，尽管得到了工作的机会，但是后来还是以被辞退告终。对于他而言，这一系列的挫折和打击无疑太残酷，但是他并没有放弃，依然决定用漫画的形式表现自己的人生。他画出了自己的失败，也画出了自己的一无所成，最终他漫画中的小狗史努比终于从他的绘画作品中走出来，在每一个热爱漫画的人心中生根。他，成为了风靡全球的史努比永远的父亲。

尽管舒尔茨在刚开始时表现低能，学习成绩也很差，但是他非常相信自己的艺术天赋。尽管绘画才能屡次遭到否定，但是他从未失去信心，而是坚持不懈，依然竭尽全力创作漫画作品。最终，史努比从他的画笔下走出来，成为风靡全球的漫画形象，他也因此成为史努比之父，为全世界的漫画爱好者所熟知。他成功了，最终实现了自己的梦想，也成就了自己的辉煌人生。

相信生活中有很多人和舒尔茨一样，在人生刚刚开始起跑的时候并不能遥遥领先，甚至还远远地落后于人。然而，只要保持一颗坚定执着的心，坚定不移地朝着梦想的方向继续努力，我们最终一定能够战胜自身的局限，创造人生的辉煌。舒尔茨用五十年的时间坚持梦想，跑完了人生的马拉松，你呢？如果不够坚持，就不要抱怨命运，毕竟一分耕耘一分收获，一份付出一份回报，我们只有做到极致，才能跑完人生的马拉松。

参考文献

[1]木沐.一个人，拼的就是坚持[M].北京：光明日报出版社，2016.

[2]浩宇.等来的命运，拼来的人生[M].北京：中国华侨出版社，2016.

[3]老可.拼的是现在，比的是将来[M].北京：中国华侨出版社，2014.

[4]罗兰.哪怕一无所有，也要永不止步[M].北京：中国华侨出版社，2014.